완벽한 엄마는 없다

완벽한 엄마는 없다

육아에서 자신을 잃어버린 엄마들을 위하여

시공사

감정의 틈을 메우고
일상의 틈을 찾는 '틈새 육아'

많은 엄마가 아이를 키우며 감정의 진폭에 휘둘린다. 하루에도 몇 번씩 아이로 인해 행복감이 최고조에 달했다가, 분노와 화가 불러온 감정으로 바닥을 치는 순간이 반복된다. 그런 날들이 늘면서 점점 자신을 자책하는 시간도 늘어난다.

'내가 이렇게 감정 조절이 힘든 사람이었나?'

'왜 또 아이에게 화를 냈지?'

그런 엄마들에게 세상은, 자신을 사랑하라고 말한다. 행복한 엄마가 행복한 육아를 할 수 있다고. 고개를 들어보니 쌓인 설거지와 빨래, 흩어진 장난감으로 너저분한 집 안과 생떼를 쓰고 있는 아이가 보인다. 도대체 이런 일상에서 어떻게 자신을 사랑하고 행복을 찾을 수 있을까? 엄마로 살면서 나답게 행복할 방법이 있을까?

나에게 엄마로 살아온 지난 10년은 이 질문에 대한 답을 찾는 시간이었다. 아이를 낳고 기르는 일은 큰 축복이다. 세상에 태어나 내가 가장 잘한 일이 아이를 낳은 일이라고 자신 있게 말할 정도로, 아이가 소중하고 사랑스럽다. 내 품에 안겨 모유를 쭉쭉 빨고 입을 헤 벌린 채 잠든 아이의 모습을 볼 때, 나는 세상에서 가장 행복했다. 그 충만한 행복감은 내가 지금껏 느껴본 적 없는 종류의 감정이었다.

하지만 아이 둘을 키우며 나는 서서히 지쳐갔다. 이웃들과 마주치기 부끄러울 정도로 소리를 빽빽 질렀고, 육퇴 후에는 맥주 한잔으로 헛헛한 마음을 달래는 날들이 늘어갔다. 회사도 그만두고 죽을 때까지 장기 근속해야 하는 엄마라는 업을 택했는데, 엄마 노릇조차 잘하지 못하는 듯해서 우울했다.

코로나 바이러스도 나의 우울의 불씨를 키웠다. 기관에 제대로 가지 못하는 아이 둘을 집에서 끼고 가사 노동, 정서 노동, 학습 보조까지, 온종일 아이들 뒷바라지를 하는 나날이 반복되었다. 아무것도 하기 싫고 아무도 만나기 싫은 무력감에 빠졌다. 우울증 약이라도 먹으면 도움이 좀 될까 싶어서 병원이나 상담을 알아보기만 몇 차례.

나 자신이 마치 어미 고슴도치가 된 것 같은 나날이었다. 뾰족뾰족 예민한 성격이 가시로 돋아나 아이들을 찔렀고, 아이들도 그런 나의 감정 패턴을 고스란히 배워 날카로운 가시로 다시 나를 찔러댔다. 그리고 그 가시 때문에 아이들을 진정으로 안지 못하고 밀어냈다. 아이는 안아달라고 수없이 외치는데, 내게 박힌 가시 때문에 아이에게 진정으로 다가가지 못했다.

가시를 제거하기 위해, 다시 나로 돌아가기 위해 '숨 쉴 틈'이 필요했다. 그야말로 목이 탄 자가 물을 찾듯 나를 채울 시간에 갈급했다. 여러 번의 시도 끝에 평소보다 조금 이른 아침 시간에 명상, 요가, 독서, 글쓰기 등을 하며 나를 만났다. 온전히 나를 마주하고 들여다보는 시간의 힘은 생각보다 강력했다. 나만의 틈새 시간을 가지지 않을 때에 비해, 아이들을 한층 여유롭게 보듬을 수 있었다. 나는 나의 틈새를 통해 숨을 쉬고 아이들을 다시 품을 여유를 가질 수 있었고, 내 안에 아이들을 품을 수 있는 공간이 생기자 아이들은 그 안에서 자신을 펼쳤다. 그렇게 조금씩 조금씩 우울에서 벗어났다.

그런 과정을 거치며, 나는 일상과 마음의 '틈새'에 주목했다. 일상에서 찾은 틈을 통해 마음의 틈을 메우는 방식을 아이에게도 확장해서 적용했다. 내 마음을 어루만지듯 아이들의 감정 틈을 채워주고, 동시에 아이들의 일상에 틈을 내어 숨통이 트이게 해주었다. 그러자, 아이들은 자신들의 틈새를 통해 스스로를 채우기 시작했다. 틈새가 만든 선순환이었다.

예전의 나는 완벽한 육아를 꿈꿨다. 그것은 아이들의 일상과 정서를 나의 사랑과 손길로 꽉꽉 채우는 육아였다. 만약 나의 일상에 틈을 내면 아이들의 세계에도 균열이 생길 것 같았다. 하지만 실상은 그 반대였다. 나도 아이들도 틈을 가지면서 편안함을 느낄 수 있었고, 스스로 틈새를 확장하면서 성장할 수 있었다.

객관적으로, 주관적으로 나는 '좋은 엄마'가 아니다. 어떤 기준을 들이대도 그렇다. 아이들을 잘 다루는 엄마도 아니고, 학습적으로 특별한 두각을 보이게 키우는 엄마도 아니다. 매일 버럭 소리 지르고 화내고 후회하는 나 같은 엄마가 이런 글을 쓴다는 것이 위선 아닐까 하는 생각이 한동안 내 발목을 붙잡았다. 하지만, 그런 모습이 곧 평범한 엄마를 대변한다는 생각으로, '틈새'가 만들어낸 효과가 힘든 시간을 보내고 있는 다른 엄마들에게도 도움이 될지 모른다는 생각으로 글을 썼다.

이 책은 심리학적, 정신분석학적으로 엄마의 심리를 들여다보는 책이 아니다. 다양한 상담 사례를 통해 아이를 훌륭하게 키우는 법을 알려주는 책도 아니다. 하지만, 이 책에는 엄마의 삶에 발을 담가본 자만이 아는 생생하고 끈적한 육아의 산 경험이 있다. 행복과 평화가 한순간에 깨지는 경험을 수없이 반복하면서 그 속에서 나로 살고자 했던 시도들이 담겨 있다.

이 책은 먼저 엄마의 쩍쩍 갈라진 감정 틈새를 살펴본 후 감정 틈새를 메우는 법, 엄마의 일상에서 틈새를 찾는 법을 알아볼 것이다. 이어서 같은 원리를 아이의 세계에도 적용해 아이의 감정 틈새를 메우는 말하기와 훈육법을 되짚고, 아이의 일상에 틈을 만들어주는 습관, 환경, 교육에 대한 생각을 나눌 예정이다.

육아에 몰두하느라 자신을 잊고 지내는 엄마, 자신의

감정과 일상을 들여다본 지 너무 오래된 엄마, 그러면서도 매번 감정에 휘둘리는 자신의 모습이 낯선 엄마 들에게 조금이나마 이 책이 도움이 되기를 바란다. 더는 육아라는 세상의 문을 꽉꽉 닫아걸고 그 안에서 아이와 씨름만 하지 말자. 조금씩 세상을 향해 틈을 내고 그 틈으로 자신을 만나자. 틈을 통해 엄마와 아이는 숨을 쉬고 성장할 수 있을 것이다.

차례

8장 자신을 잃지 않는 육아

1장 ♥ 엄마의 뚝딱 끝난 집안 놀이

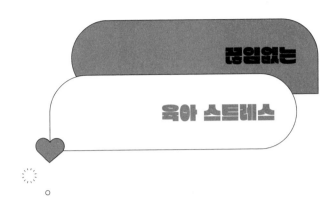

끝임없는

육아 스트레스

엄마의 집안일은 끝이 없다. 돌아서면 빨래, 돌아서면 밥, 돌아서면 청소. 심지어 워킹맘은 퇴근 후에 집이라는 제2의 직장에 출근해 낮 동안 하지 못한 집안일을 한다.

아이를 돌보는 일은 어떠한가. 아이는 행복을 다 가진 양 깔깔 웃다가도, 한순간에 울음이 터진다. 양치를 하다가, 옷을 입다가, 밥을 먹다가 일상 곳곳에서 "내가할 거야", "싫어", "안 할래" 고집을 피우고, 떼를 쓴다.

엄마는 이처럼 끊임없는 가사 노동, 돌봄 노동, 정서

노동에 시달린다. '엄마'라서 해야 하는 일들을 묵묵히 수행하지만, 그 일들에 대한 인정이나 보상이 없기에 엄마의 가치는 과소평가되기 십상이다.

이런 육아 스트레스는 화와 짜증을 유발하고, 화와 짜증이 축적되면 어느 순간 자신도 감당하지 못할 정도의 분노로 표출되기도 한다. 이른바 '뚜껑 열리는 시점'이 찾아오는 것이다. 별일 아닌 일에 이성을 잃을 만큼 화를 내뿜고 나면 나의 바닥을 마주한 것 같은 좌절감에 빠지기도 한다.

심리학자 비올렌 게리토Violaine Guéritault는 저서《엄마도 피곤해》에서 엄마가 육아 스트레스를 받을 수밖에 없는 이유를 이렇게 말한다.

첫째, 엄마는 같은 일을 끝없이 반복해야 한다. 큰아이 방을 치우고 돌아서면 어질러진 작은아이 방이 눈에 들어온다. 좋은 말로 겨우 달래서 함께 치우고 나서도 금세 지저분해지니, 성취감이 생길 수가 없다. 엄마는 이런 비슷한 일들을 매일 쳇바퀴 돌듯 반복적으로 처리해야 한다.

둘째, 자신의 힘으로 어쩔 수 없는 상황에 부딪힐 때가 많다. 아이가 넘어져서 다치거나 열이 나거나 하는 상황은 엄마에게 무력감을 떠안긴다. 무리했나, 추웠나 하는 생각이 조금이라도 스치는 날은 아이가 어김없이 아프거나 잠을 설치고 그런 아이 곁에서 그 시간을 함께 이겨내야 하는 사람은 대부분 엄마다.

셋째, 엄마의 일은 보상이 없다. 365일 24시간 대기 조로 가족의 대소사를 책임지는 역할을 하지만 엄마의 일은 당연하게 여겨지고 뒤로 밀려나기 일쑤다. 이런 상황에서 엄마 역시 본인의 가치를 찾기가 힘들다.

마지막으로, 엄마는 힘들어도 기댈 곳이 없다. 아이를 돌보는 대부분의 시간을 혼자 보낸다. 속마음을 터놓을 수 있는 육아 동지를 찾기는 생각보다 쉽지 않고 함께 육아하는 남편 또한 아내의 마음을 다 이해하지는 못한다. 처음에는 "힘들지" 하며 위로해주던 남편도 아내의 힘들다는 말이 반복되면 마음을 알아주기보다는 "그럼 내가 어떻게 해주면 좋겠어?"라고 자기방어를 하게 된다. 그런 방식의 대화가 몇 번 오가면 결국 속으로 스트레스를 삭이며 살게 된다. 용기를 내어 친정 엄마나 친구에게 힘든 마음을 털어놓지만, 항상 내 마음을 찰떡같이 알아주는 사람은 있을 수 없다. 게다가 세상은 엄마의 고민을 투정으로 보며, "애 키우는 건 원래 그런 거야", "엄마들은 다 그렇게 살아"라고 말한다.

힘든 마음을 억누르며 스트레스를 받을 때, 우리 몸은 어떤 반응을 보일까? 스트레스를 받으면 뇌의 편도체가 활성화된다. 편도체는 교감신경계를 활성화하고, 심장박동을 가속화하며 호흡을 얕고 빠르게 조절한다. 또한 혈압을 높이고 부신피질을 활성화해 아드레날린, 코르티솔 등의 호르몬을 깨운다. 그래서 우리가 극심한 스트레스를 받아서 화나 짜증, 분노를 표출한 날에는, 아이가 잠자리에 들 때까지 혹은 아이를 재우고 나서도 가슴이 두근두근하고, 머리에 열이 뻗치는 느낌을 지속해서 받게 되는 것이다.

이런 반응을 우리가 달리 피할 방법은 없다. 진화론자들은 인류가 진화해온 700만 년 중 699만 년은 감정이, 이후 1만 년은 이성이 관여한 시간이라고 말한다. 감정과 생각이 충돌했을 때 우리의 뇌는 감정이 이기도록 프로그래밍되어 있다는 것이다.

하지만 스트레스가 반복적으로 누적되는 상황은 자신을 포함한 가족 모두에게 부정적인 영향을 미친다. 심한 스트레스는 일상을 무너뜨리기도 한다. 실제로 만성 스트레스에 휩싸인 뇌는 분석하고 사고하는 일이 어려워진다. 또한 아이들이 하는 모든 행동이 부정적으로 보이고 좋은 행동도 무시하게 된다. 신체적, 정신적 피로에 절어 에너지가 완전히 고갈된 상태에 빠지면 모든 일에 무기력해지고, 일상이 스트레스가 된다. 이른바 번아웃burnout에 빠지게 되는 것이다. 따라서 엄마의 스트레스는 간과하고 지나치면 안 된다. 작은 스트레스는 작은 틈새로 내보낼 수 있지만 작은 스트레스가 쌓여서 걷잡을 수 없이 커지면 그때는 일상에 큰 균열이 생기기 때문이다.

나 역시 두 아들을 키우면서 육아 스트레스에 끊임없이 시달렸다. 사람마다 스트레스에 취약한 부분이 다르겠지만, 나의 경우는 수면의 질과 부족한 개인 시간, 둘째의 기질로 인한 스트레스가 가장 컸다. 수면의 질은 시간이 지날수록 점차 나아지는 것이기에 기다릴 수밖에 없는 문제였고, 개인 시간 역시 아이들이 기관에 가기 전까지는 늘릴 수 없는 한계가 있었다. 하지만 마지막 요소인 둘째의 기질로 인한 스트레스는 결국 나의 마음에 달린 것이었다.

첫째와 4살 터울인 둘째는 그야말로 첫째와는 결이 다른 아이다. 첫째는 둘째보다 상대적으로 순응을 잘하고 정적인 편이다. 무엇이든 차근차근 설명해주면 금세 하려던 행동을 멈추고 전환하는 특성이 있는 아이여서 키우기가 수월했다. (하지만 첫째를 키울 때만 해도 나는 내가 세상에서 가장 힘든 육아를 하고 있다고 생각했다.)

둘째는 고집이 세고, 자율성이 굉장히 강하다. 무엇이든지 혼자 하려고 하고 조금이라도 도움의 손길을 뻗치면 걷어내기 바쁘다. 혼자 신발을 끙끙대며 신다가 잘 안 돼서 짜증을 내는 아이를 도와주고 싶고, 그 상황을 빨리 해결하고 싶은 마음에 신발을 신겨주면 다시 양쪽 신발을 벗어서 기어코 혼자 해야 직성이 풀리는 아이다. 내심 첫째를 키우면서 쌓은 노하우가 있으니 동성인 둘째를 키우는 게 뭐 그리 어려우랴 생각했던 나의 자신감은 오만이었다.

다행히도 나만의 틈새 시간을 통해 나 자신을 돌보고, 아이가 떼를 쓰기보다 말로 설명하는 나이가 되면서 아이와의 대치 상황은 차츰 줄어들었다. 동시에 육아 스트레스도 나아졌다. 내 마음을 채우고, 벌어졌던 감정의 틈을 메우려고 노력하다 보니 똑같은 상황도 다르게 볼 수 있는 여유가 생겼다. 아이가 화장실에서 넘어졌다고 울어도, 혼자서 단추를 끼우겠다고 끙끙대다 떼를 써도, 그 모습마저 귀엽게 보이는 순간이 찾아왔다. 결국 신경이 날카로워진 이유는 아이에게 있지 않았다.

대부분은 엄마의 몸과 마음이 너무 지쳐 있기 때문인 경우가 많다. 계속 떼를 써서, 울어서라고 모든 이유를 아이에게 전가하는 말은 도움이 안 된다. 그러면 육아 스트레스는 어떻게 줄일 수 있을까? 먼저, 빈번하게 일어나는 스트레스 상황의 패턴을 살펴보자. 나는 어떤 시간대에 예민한지, 가족 간에 갈등과 다툼이 빈번하게 일어나는 때는 언제인지, 그 이유는 무엇인지를 살펴보면 해결책이 보인다.

예를 들어, 아이를 등원시키는 아침마다 화를 낸다면 시간에 쫓겨서일 가능성이 크다. 화나는 상황을 줄이려면 아이들이 아침 일찍 일어나도록 전날 일찍 재우거나 미리 준비물, 옷가지를 챙겨놓고 잠자리에 들자. 대부분 화와 짜증이 나는 상황은 반복적이고, 그 이유 역시 같은 경우가 많다.

또한, 내가 할 수 있는 일과 할 수 없는 일을 명확하게 구분 짓자. 할 수 없는 일 중에 외부 도움을 받을 수 있는 일이 있다면 과감하게 받자. 필요하다면 아이에게 모유만 고집하지 말고 분유를 먹여서 수면 시간을 확보하거나, 반찬을 사 먹으며 식사 준비하는 시간을 아껴도 괜찮다.

마지막으로, 완벽하게 육아를 하려는 마음을 버리자. 엄마가 아이의 세계를 처음부터 끝까지 완벽하게 통제하려고 하면 그때부터 아이와의 관계는 삐거덕거린다. 육아는 회사 업무가 아니다. 명확한 절차, 계획을 세우고 거기에 맞추어 아이를 통제하는 일은 애초에 불가능하다. 완벽한 엄마가 되어야 비난과 질책을 피한다는 생각을 버려야, 육아라는 장기 레이스를 완주할 수 있다. 항상 집을 깨끗이 하고, 유기농으로 손수 음식을 해 먹이고, 하루에 영어책 십여 권 읽어주는 엄마가 좋은 엄마가 아니다. 게으름을 부리더라도, 아이가 훌쩍일 때 눈물을 닦아주고 따스하게 안아줄 수 있으면 된다. 완벽한 엄마란 책에만 나오는 신화이며, 지금 그 모습 그대로 당신은 아이에게 완전한 엄마다.

엄마를 짓누르는

죄책감

〈산후조리원〉이라는 드라마를 보며 자신의 이야기처럼 이입한 엄마들이 많았다. 드라마는 회사에서는 승승장구하지만 육아에 대해서는 아무것도 모르는 주인공이 아이를 낳고 들어간 조리원에서 '이름이 무엇인지, 나이가 몇 살인지 자신에 대해서는 궁금해하지 않는' 다른 엄마들을 만나며 새로운 현실을 깨닫는 이야기다. 드라마 속 조리원은 개개인이 살아온 배경보다는 아이를 어떻게 낳았는지, 모유가 얼마나 나오는지가 더 중요한 곳이었다. 심지어 모유 양과 육아에 대한 경험, 지식으로 계급이 나누어지는 특수한 세계였다.

　드라마에서 모유가 잘 안 나와서 아기에게 미안해하는 주인공의 모습을 보며 나의 초보 엄마 시절이 떠올랐다. 임신할 때부터 엄마는 죄책감이라는 감정을 만난다. 엄마의 몸은 혼자만의 몸이 아닌 아이를 잘 품기 위한 기지가 된다. 자연히 패스트푸드, 인스턴트식품, 커피 등을 자제하게 되고, 혹시라도 먹게 되면 아이에게 미안한 마음을 가진다. 태교를 위해 좋은 생각만 하려고 하고, 유익한 책이나 음악을 읽고 듣는 환경을 만들어주지 못하면 아쉬워하기도 한다. 이런 죄책감은 출산 후 밀도가 더 높아진다.

　나는 운이 없게도 두 아이 다 진통을 7시간 넘게 하고 제왕수술을 해야 했다. 그래서 어쩔 수 없이 제왕수술로 아이를 낳았어도 모유는 제대로 먹여야지라는 생각이 컸다. 낮에는 모자동실을 하며 훗배앓이를 참고 모유를 먹였고, 새벽에 호출이 오면 링거를 질질 끌고 다니며 아이에게 젖을 물렸다. 아이들이 10살, 6살인 지금 돌이켜보면 '왜 그렇게까지 모유에 집착했을까' 하는 생각이 들지만 그때는 제왕수술을 한 상황조차 아이에게 미안해서 모유를 먹이려고 더 노력했다.

그 외에도 아이를 키우면서 끊임없이 생기는 미안한 감정들. '내가 일을 해서 아이를 제대로 돌보지 못하나?', '내가 밥을 제대로 차려주지 못해서 아이가 작은 게 아닐까?', '내가 소심해서 아이도 낯선 사람들을 만나면 말을 잘하지 못하는 걸까?' 하는 끝없는 자책들. 이때의 감정은 스스로 '엄마라면 이 정도는 해줘야지'라는 기준을 너무 높게 설정해서 생기는 죄책감이다. 좋은 엄마, 착한 엄마, 부지런한 엄마라는 틀에 자신을 욱여넣는 과정에서 생기는 감정이다.

사실, 자신이 부족하다는 죄책감에 시달리는 상황을 들여다보면 실제로는 자신의 잘못이 아닌 경우가 많다. 내가 노력하면 제왕수술을 피할 수 있는가? 아이가 음식을 즐기지 않는 체질로 타고났는데 내가 아이의 체질을 바꿀 수 있는가? 아니다. 내가 할 수 없는 상황에 붙잡혀서 현재를 놓치지 말자.

이런 죄책감 때문에 자신이 없어질 때는, 본인이 몇 점짜리 엄마인지 스스로 점수를 매긴 후 아이에게 직접 물어보자. 대부분의 아이는 엄마가 스스로 매긴 점수보다 훨씬 후한 점수를 줄 것이다. 아이는 엄마의 존재 자체를 사랑하고, 다른 엄마들과 비교해서 자신의 엄마를 평가하지 않는다. 엄마가 부족한 면이 있는 아이를 있는 그대로 사랑하듯, 아이도 부족한 면이 있는 엄마를 있는 그대로 사랑한다.

아이에게 부족하게 해주었을 때가 아닌, 하지 말아야 할 말이나 행동을 했을 때 발생하는 죄책감도 있다. 이 두 번째 죄책감의 경우 강도가 전자보다 높아서, 엄마는 자신을 감정의 바닥으로 내몰고 괴롭히게 된다.

나 역시 이런 죄책감 때문에 힘든 시간을 보냈다. 첫째와 둘째 모두 등센서가 매우 발달해 손을 제대로 탔다. 1시간을 안고 있다가 바닥에 눕히면 30분도 못 자고 깨버리니 낮잠은 호사였다. 두 돌이 될 즈음까지 낮잠은 30분, 밤잠은 수시로 깨는 생활을 하면서 나의 피로감은 이루 말할 수 없었다. 매일 '왜 다른 아이들은 잘 자는데 너는 이렇게 깨니? 도대체 언제쯤 잘래?'라는 생각이 머릿속에 가득했다.

어느 날은 아이를 안고 재우다가 "왜 이렇게 안 자는 거야" 하며 아이의 등을 한 대 때렸다. 또 어느 날은 짜증이 북받쳐서 아이를 홱 밀어버리기도 했다. 잘 수 없어서 엄마에게 안겨 있던 아이는 화들짝 놀라 울음이 터졌다. 이 얼마나 미성숙한 행동인가. 엄마의 절대적인 케어가 필요한, 품어주기도 아까운 아이를 흔들고 밀치며 나는 나의 피곤과 스트레스를 아이에게 전가했다. 그러고는 바깥에 나오면 다시 멀쩡하고 다정한 엄마인 척하는 나란 인간의 간극. 그런 시간을 보내며, 나는 나 자신을 미워했다. 아이를 더 보듬어주지 못하고 아이를 더 잘 달래주지 못하면서 짜증만 내는 나를. 밖에 나와서는 세상 다정한 엄마처럼 행동하는 나를.

나중에 알았다. 그런 감정을 양가감정이라고 부른다는 것을. 엄마는 아이가 사랑스러울 때도 미울 때도 있다는 것을 말이다. 물론 아이를 밀친 행동 자체는 잘못된 일이지만, 상반된 감정이 드는 건 당연한 일이다. 이런 양가감정이 자신을 지배하고 있을 때, 많은 엄마는 혼란스러워하고 자책한다. 왜 이렇게 모성애가 부족한지, 참을성이 없는지 자신을 탓한다.

사회는 아이를 미워하는 엄마를 용납하지 않기에 이런 감정을 밖으로 꺼내기 힘들지만 모든 엄마는 때로 좋은 엄마이기도, 때로 나쁜 엄마이기도 하다. 전문가들은 이런 양가감정은 하나만 선택해야 한다는 고정관념을 버리는 순간부터 해결된다고 말한다. 엄마라는 사람에게 상반된 두 가지 감정이 동시에 있어도 괜찮다.

엄마로 살다 보면 아이에게 상처를 주는 일도 있다. 아이에게 준 상처가 회복 불가능한 생채기가 아니라면 대부분의 상처가 그렇듯 성장하면서 덧나지 않고 잘 여물 것이다. 그렇지 않다면 우리는 모두 부모에게서 받은 상처투성이인 채로 살아가야 할 것이다.

내가 하지 말아야 할 행동이나 말로 아이에게 상처를 입혀서 자신을 죄책감의 늪에 가두었을 때, '정말 이 마음이 아이를 위한 것인가? 아이에게 도움이 되는가?' 되물어보자. 사실 죄책감은 자기 위안을 위한 감정일지도 모른다. 자신을 처벌함으로써 면죄부를 주고 스스로 편해지고자 하는 마음일 수도 있는 것이다. 그렇게 죄책감이라는 녀석의 실체를 구석구석 살펴보고 나면 그 녀석에게 더 이상 휘둘리지 않을 수 있다.

죄책감 자체는 나쁜 것이 아니다. 애초에 죄책감이 생기는 이유는 아이에게 더 잘해주고 싶고, 더 좋은 엄마가 되고 싶다는 마음이 있기 때문이다. 그러니 '나는 엄마 자격이 없어'라며 자기 자신을 괴롭히는 대신, '그만하면 됐다'는 생각으로 털어버리고 마음의 출구를 만들자. 그 출구는 나만이 만들 수 있다.

그리고 출구를 빠져나온 이후에는, 다시 비슷한 상황

에 놓일 때 어떻게 해야 할지 고민해보자. 머릿속으로 '다음에 또 이런 일이 발생하면 어떻게 해야 할까?', '나는 아까 어떤 마음이었을까?' 예행연습을 해보는 것이다. 그렇게 하지 않으면, 우리는 자제력이 떨어졌을 때 어김없이 똑같은 행동을 할 것이다.

심리학자들은 실수의 과정을 되짚지 말고 앞으로 그 실수를 어떻게 바로잡을 것인지를 생각하라고 충고한다. 죄책감의 출구는 결국, 책임감이라는 새로운 입구와 연결되어야 한다. 그러니 아이에게 상처를 주었다면, 그 사실을 수용하고 더는 자신을 생채기 내지 말자. 자책하는 대신 아이와 자신의 마음을 들여다보고, 아이에게 진솔한 말로 사과하자. 아이는 누구보다도 엄마의 사과를 흔쾌히 받아주고 활짝 웃어줄 것이다.

불안과 걱정으로

보내는 나날

운동을 시작하면 며칠 동안 온몸이 여기저기 쑤시고 불편하다. 근육통은 근육이 성장하는 척도이기도 하니, 성장에 있어 통증은 불가피하다. 육아도 마찬가지다. 우리 몸이 육아에 익숙해지고 육아 근육을 형성하기까지는 시간이 필요하다. 육아 근육이 붙기 전까지는 괴롭고 불안한 감정의 통증을 느낄 수밖에 없다.

첫째를 낳고 병원에서 모자동실을 할 때였다. 아이 낳느라 수고했다고 내 곁을 지켜주던 남편과 가족들이 각자의 일로 자리를 떠나고, 나와 아이 둘만이 남겨지는 시간이 찾아왔다. 내 배에서 나온 아이임에도 둘이 남겨지는 것이, 우는 아이를 달래고 어르고 기저귀를 갈고 수유하는 일이 모두 내 몫이라는 것이 두렵고 불안했다.

병원 생활을 거쳐 조리원에 있던 어느 날, 병원에서 연락이 왔다. 첫째의 갑상선 수치가 정상보다 높으니 백일까지 지켜보고 수치가 내려가지 않으면 갑상선 저하증 치료제를 먹여야 한다고 했다. 물론 약을 꼬박꼬박 챙겨 먹기만 하면 별문제 없이 일상생활이 가능한 질환이지만, 꼬물꼬물 작은 아이의 혈관을 찾아서 피 검사를 하는 마음은 불안과 걱정으로 가득했다.

다행히도 아이가 백일이 되기 직전 받은 검사에서 수치는 정상 수준으로 돌아왔다. 태어난 아이와 둘이 남겨지는 것도 불안해하던 나는 어느새 아이의 건강을 걱정하며 아이가 무탈하게 자라기만을 바랐다. 그리고 지금은 그 소원대로 튼튼하고 씩씩한 초등학생이 된 아이를 보며 학업 걱정을 하고 있다. 기존의 불안과 걱정의 자리에 새로운 걱정거리를 채우고 있는 것이다.

이런 불안과 걱정에 시달리는 것은 나만의 문제가 아니다. 엄마들이 고민을 자연스럽게 터놓는 맘카페를 보면 "우리 아이는 언제 걸음마를 할 수 있을까요?", "어떻게 하면 기저귀를 뗄 수 있을까요?", "말을 아직 잘하지 못하는데 문제가 있는 건 아닐까요?", "구구단을 아직도 못 외워요" 등 성별, 나이, 기질을 초월한 걱정들로 가득하다. 하지만 엄마들은 특정 시기를 지나면 언제 그런 걱정을 했는지 기억도 하지 못할 만큼 쉽게 잊고 또 쉽게 다른 걱정거리를 떠안는다. 영아기에는 주로 아이의 건강과 관련한 걱정을, 유아기에는 아이의 정서와 발달에 대한 걱정을, 취학 이후에는 주로 학업에 대한 걱정을 한다. 결혼해서 아이를 낳고 살아도 여전히 내 걱정을 하는 부모님을 보면, 자식 걱정은 끝이 없는 것이다.

그러므로 육아라는 장기전에 임하는 엄마는 육아 근육을 단련하는 중이라고 생각하고, '그래. 지금은 이 문제 때문에 걱정하지만, 이것도 지나가겠지'라는 마음을 가지는 편이 좋다. 대부분 아이에 대한 걱정은 시간이 해결해준다. 아이마다 성장 속도가 다르고, 성격, 기질, 개성의 차이가 있을 뿐이다.

부모는 때로, 아이에게 부모의 꿈을 이루는 임무를 맡긴다. 자신이 이루지 못한 꿈을 아이가 실현해주기를, 부모가 되고자 했던 사람으로 아이가 자라기를 바라며,

그 마음을 아이를 위해서라는 이유로 포장한다.

나 역시 그랬다. 나는 유능해지고 싶었다. 회사를 그만두었기에 유능한 엄마라도 되고 싶었다. 기왕 아이를 낳고 내 손으로 기르게 된 이상, 잘 키우고 싶은 마음이 앞섰다. 잘 챙겨 먹이고, 잘 놀아주고, 잘 가르쳐서 '아이 잘 키운 엄마'라는 타이틀이라도 남기고 싶었다. 그런데 그런 마음과 마주할수록 불안감이 커졌다. 그리고 내 마음처럼 따라오지 않는 아이에게 그 불안을 전이했었다. 다른 엄마들에게 "누구는 한글을 다 뗐대", "벌써 고학년 수학을 한대"라는 말을 듣고 내 아이를 보면 울화통이 터졌고, 아이에게 그 마음을 터트렸다.

스마트폰 앱만 열어도 경시대회상을 받은 아이, 영재원에 합격한 아이, 그런 아이로 키운 엄마들의 비법을 실시간으로 볼 수 있다. 비엔나소시지처럼 줄줄 달리는, 전국 각지에 있는 엄친아들과 아이 잘 키운 엄마들의 자랑을 읽다가 덧셈 뺄셈도 힘들어하며 끙끙대는 아이를 보면, 결국 잔소리 폭격으로 공격한다. 그러면 아이는 그저 자기 속도에서, 자기 그릇에 맞게 성장하고 있는데 엄마의 영문 모를 공격에 속수무책으로 나가떨어질 수밖에 없다. 엄마가 불안한 마음을 가지고 아이의 미래를 걱정하는 감정 자체는 나쁜 것이 아니다. 하지만 그 불안과 걱정을 아이에게 쏟아붓는 것은 아이와 엄마 모두에게 전혀 도움이 되지 않는다.

이탈리아의 저명한 신경심리학자 자코모 리촐라티 Giacomo Rizzolatti 교수는 우리 두뇌에서 신체 움직임, 얼굴 표정, 감정 등을 인식해 그대로 따라 하게 만드는 '거울 뉴런'을 발견했다. 아이는 이 신경세포를 통해 부모를 흉내 내고 부모의 감정 또한 그대로 전달받는다. 부모인 우리가 불안과 화, 분노를 느끼면 거울에 비치듯 아이의 마음속에 같은 감정이 새겨진다는 것이다. 따라서 우리가 불안을 느끼면 아이도 그 불안을 그대로 답습한다. 엄마가 대놓고 "나는 네가 걱정이야"라고 이야기하지 않아도, 아이는 엄마의 분위기, 말투, 표정에서 엄마의 감정을 귀신같이 알아차리고 영향을 받는다.

남들의 이야기에 휘둘리지 말자. 동네에 특출하다고 소문난 아이들, SNS에 올라온 엄친아들의 이야기는 모두 편집된 것들이다. 보여주고 싶은 삶의 일부만, 자랑하고 싶은 아이 모습의 일부만을 공유한 것이다. 우리도 삶의 대부분을 차지하는 비루한 순간들 말고 빛나는 순간만 포착해 SNS에 올리고 있지 않은가. 실제 세계에서 그 집 아이가 누워서 떼쓰고 공부하기 싫다고 징징거린다고 해도, 우리는 그 밖의 제한된 프레임 안의 세계만 들여다보고 있을 뿐이다. 비교는 불안과 걱정을 키우고, 그 불안과 걱정은 아이에게 그대로 투영된다.

세계 3대 영적 지도자 중 한 명인 에크하르트 톨레 Eckhart Tolle는 저서 《지금 이 순간을 살아라》에서 "시간 속에 살면서 지금 이 순간에 잠깐씩 들르는 것이 아니라 지금 이 순간에 살면서 필요한 경우에만 과거와 미래를 잠깐씩 방문하라"고 조언한다.

이는 육아에도 마찬가지로 적용된다. 아이는 항상 '지금 이 순간'을 사는 존재다. 지금 이 순간 엄마의 살결을 만지고 싶어 하고, 엄마와 이야기하고 싶어 한다. 그런데 엄마들 대부분은 아이의 미래를 보고 있기에 아이와 시점이 항상 엇갈린다. 아이가 학교에 입학하기 전부터 학교에 다니는 미래를 대비하느라 지금 이 순간을 흘려보낸다. 혹은 '예전에는 회사에서 인정받았는데, 아이를 낳고 나니 그렇지 못하네'라고 불안해하며 과거에 매여 있다.

과거나 미래를 들여다보는 대신 현재에서 누릴 수 있는 소소한 행복을 찾아보자. 여러 가지 걱정이나 불안이 있지만 지금에만 맡을 수 있는 아이 내음이 있고, 나눌 수 있는 이야기가 있다. 아이가 크고 나서 '그때 그렇게 해줄 걸' 하며 후회하지 말고, 지금 이 순간을 붙잡고 할 수 있는 일을 하자.

그리고 스마트폰은 되도록 멀리 놔두자. 스마트폰은 우리가 '지금 이 순간'에 사는 것을 방해하는 일등 공신이다. 몸은 지금 여기에 있지만 마음은 과거 혹은 미래에 살게 하며, 아이와 엄마의 상호작용을 막는 최고의 방해꾼이다. SNS, 몰라도 되는 뉴스, 가십거리 들은 없던 걱정도 저절로 생기게 한다.

어차피 불안과 걱정 없이 산다는 것은 불가능하다. 그리고 적당한 불안과 걱정은 아이를 안전하고 건강하게 지켜주기도 한다. 아이가 다칠까 봐 주위에 위험한 물건을 치우고, 아이가 아플까 봐 청결한 환경을 유지하고 아이를 깨끗하게 씻겨주는 경우가 그렇다. 그러므로 시시때때로 불안하고 걱정되는 엄마 자신의 모습을 있는 그대로 받아들이고, 그 감정이 지나치지 않은지 꾸준히 마음을 들여다보자.

그리고 그 부정적인 감정들에 휘둘리지 않게 마음에 나만의 공간을 만들자. 나만의 시간을 확보하고 내면을 들여다보는 활동을 하며 마음을 꽉 채우고 있는 불안, 걱정을 비우자. 그래야 그 비워진 공간에 다른 불안이나 걱정이 들어차도 나를 잃지 않고 오롯이 아이를 사랑하며 품을 수 있다.

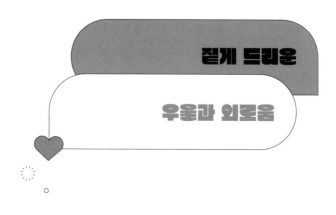

짙게 드리운

우울과 외로움

일상에서 느끼는 우울은 대개 24시간 안에 사라진다. 만약 별다른 이유 없이, 일상이 흔들릴 만큼 심한 우울이 2주 이상 지속된다면 전문가의 도움을 받는 것이 좋다. 일시적인 우울과 우울증은 구분 지어 대응해야 한다.

우울은 자연스럽고 당연한 감정이다. 우울증을 마음의 감기라고도 표현하지 않는가. 누구나 살면서 감기에 걸리듯 누구나 우울로 힘겨운 시간을 보낼 수 있다. 이것은 누구의 잘못도 아니다. 다만, 감기에 걸렸을 때 따뜻한 물을 자주 마시고 잠을 충분히 자는 노력을 기울이듯, 마음의 감기가 찾아왔을 때도 일상 속에서 틈틈이 나를 위한 시간을 내고, 몸과 마음을 돌보는 노력을 해 주어야 한다. 그렇지 않으면 마음의 감기가 다른 합병 증을 불러일으킬지도 모른다.

나는 둘째를 키우면서 우울이라는 수렁에 자주 빠졌다. 자아가 생기기 시작하는 생후 18개월 즈음부터 아이의 떼에 시달렸다. 아이는 한번 떼를 쓰기 시작하면 얼굴에 열꽃이 필 정도로 오랫동안, 극렬하게 소란을 피웠다. 이런 일들이 반복되자 나는 짜증이 났고, 아이에게 화를 퍼부은 후 심한 자책감에 빠졌다. 그리고 아이를 매번 부정적으로 봤다. 객관적으로 보면 사랑스럽고 귀여운 아이인데, 엄마인 나는 항상 고집 부리는 아이, 말 안 듣는 아이로 색안경을 끼고 아이를 대했다. 생활 곳곳에서 나는 아이를 부정적으로 인식했고, 아이 역시 나의 그 마음을 느꼈을 것이다.

색안경을 벗기까지는 많은 시간과 노력이 필요했다. 애착이 형성되려면 항상 민감하면서 일관되게 아이와 상호작용해야 한다는데, 나는 그저 민감하기만 한 엄마였다. 지금 생각해보면 나는 몸과 마음이 너무 지쳐 있었고, 그래서 쉽게 우울해졌다. 그때 나에게 필요한 것은 "너는 도대체 엄마라는 애가 왜 그래"라는 비난이 아닌, "우울할 수도 화날 수도 있어"라는 자신을 향한 위로였다. 나라도 나의 편이 되어주어야 했다. 나를 위한 시간, 나를 위한 마음의 여유가 필요했다.

예일대학교 시드니 블랫Sidney Blatt 교수는 우울증의 상당 부분이 자기비판에서 시작된다고 말했다. 그의 말처럼 심한 자책은 자신감을 상실하게 하고 자기혐오라는 감정에 갇히게 한다. 블랫 교수는 우리가 자신을 몰아붙이는 대신 자기 자비의 마음으로 행동하면 애정 호르몬인 옥시토신과 기분을 좋게 만들어주는 호르몬인 엔도르핀도 다량 분비된다고 말했는데, 그와 다르게 우리는 때로 자신보다 남들에게 훨씬 자비를 베풀며 살아가고 있다.

만약 친구가 나에게 육아가 힘들다며 하소연한다고 생각해보자. 아이가 별나서, 남편이 함께 육아하지 않아서 매일 화나고 힘들다고 마음을 터놓고 이야기한다면, 나는 그 친구에게 어떤 말을 해줄 것인가. 아마도 "너는 잘하고 있어. 힘내"라고 다정하게 위로하고 토닥일 것이다. 그런데 스스로에게는 그런 위로를 언제 해주었는가. 위로 대신 "내가 이러고도 엄마라니"라며 자신을 몰아붙이고 비난하지 않았는가. 이제는 나의 마음을 찾아 "최선을 다하고 있어. 괜찮아"라고 자주 이야기해주자. 남에게 베푸는 만큼의 자비를 자기 자신에게도 베풀어 보자.

정신분석학에서는 적당한 우울을 주변의 도움을 이끌어내고 자신에게 소중한 것을 보존하기 위한 전략적인 감정으로 여겨, '도움을 요청하는 부르짖음cry for help'으로 생각한다. 아이를 출산한 산모가 느끼는 우울은 본능적이고 자연스러운 것이다. 남편, 친정, 시집, 친구들에게 그런 감정을 털어놓고 지원을 부탁하자. 당신을 사랑하는 사람들이기에 그 요청에 답해줄 것이다. 그러니 우울에서 빠져나오고 싶다고, 그러기엔 혼자 힘으로 역부족이라고 솔직하게 도움을 청하자.

펜실베이니아대학교 심리학과에서 빅데이터 연구의 일환으로 페이스북 유저 수만 명이 연간 게시물에서 자주 언급한 단어와 유저들의 심리테스트 결과를 교차 분석한 결과, 우울증과 가장 연관이 깊은 단어가 'alone'이었다고 한다. 우울증과 외로움이 밀접한 연관성을 가지고 있는 것이다.

애초에 인간은 육아를 혼자 감당하게 만들어지지 않

았다. 다수의 전통 부족은 여러 가족으로 구성된 집단이었다. 식량 수급이 원활하지 않아서 오랫동안 모유를 먹였기 때문에 출산 터울이 매우 길었고, 노동 부담은 지금보다 훨씬 덜했다. 하지만 시대가 변했다. 대가족 제도는 붕괴되었고, 2~4인 가족 형태가 표준이 되었다. 대가족 제도에서는 가족 안에서 다양한 관계를 맺으며 아이를 같이 키울 수 있었지만 지금은 조그만 아파트에서 어른 한두 명이 아이를 키워야 한다. 이런 환경에서는 당연히 외롭고 고립될 수밖에 없다.

　육아로 괴롭고 힘들 때는, '진짜 관계'를 맺을 수 있는 사람을 찾아보자. 그 사람은 남편이 될 수도 있고, 친정 엄마가 될 수도 있고, 놀이터에서 만난 아이 엄마, 심지어 온라인에서 만난 엄마가 될 수도 있다. 엄마들은 임신, 출산, 육아를 하며 모두 비슷한 경험을 했고, 하고 있어서 "아이가 몇 개월이에요?" 한마디가 물꼬가 되어 금세 친해질 수 있다. 그 마법의 말 한마디면 된다. 먼저 말을 걸어보자. 유모차에 아이를 태우고 함께 산책하고 웃고 이야기도 나누자. 관계를 맺는 사람의 수보다는 유의미한 교류를 나눌 사람인지가 중요하다. 그런 누군가를 찾지 못한다면 자기 스스로 그 누군가가 되면 된다. 자신을 위로하고 토닥이는 힘은 어떤 친구보다도 강력하다.

행복은 어디에 있는지 눈을 크게 뜨고 찾아야 겨우 보이고, 손에 쥔 모래처럼 빠져나간다. 하지만 우울은 일상 속 어디든 가까이 있어서 쉽게 잡히고, 신발에 달라붙은 껌처럼 한번 붙으면 쉽게 떼어지지 않는다. 그러므로 우리는 나만의 시간을 사수하고 마음을 토닥이면서 의식적으로 일상 속 행복을 찾으려고 항상 눈을 번뜩이고 있어야 한다. 만약 우울이라는 감정이 나를 잠식하면 우울을 똑바로 직시하자. 언젠가 우울이라는 찐득찐득한 녀석은 떼어질 것이다. 그렇다고 해도 애써 괜찮다고 자신의 마음을 부정하지는 말자. 괜찮지 않아도 괜찮다.

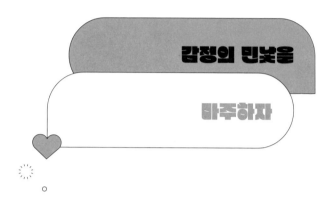
감정의 민낯을 마주하자

앞서 스트레스가 초래한 화, 죄책감, 불안감, 우울 등으로 엄마의 감정 틈새가 얼마나 쩍쩍 갈라져 있는지를 살펴보았다. 대부분의 육아 상황에서 이런 감정들은 혼재되어 있고, 화가 죄책감으로, 외로움이 우울로, 다시 우울이 화로 부정적인 감정을 타고 흐르는 악순환의 형태가 된다.

우리가 이런 감정들에 휘둘리지 않으려면 왜 이런 마음이 생겼는지를 들여다봐야 한다. 포장하지 않은, 꾸미지 않은 감정의 민낯과 마주해야 한다.

먼저, 부정적인 마음이 외부적인 요인으로 생긴 것인지 살펴보자. 남편이 육아나 집안일을 하지 않아서, 집에 오면 매일 게임만 해서, 주말에는 잠만 자서 짜증이 난 마음이 아이에게 화로 표출된 것은 아닌가? 어려워진 가계 상황 때문에 신경이 곤두서 있어서 아이가 한 별것 아닌 행동에 성질을 버럭 낸 것은 아닌가? 시부모님의 말에 스트레스를 받아서 그 스트레스를 아이에게 푼 것은 아닌가? 며칠 동안 잠을 못 자서, 밥을 제대로 못 먹어서 그런 것은 아닌가?

이렇듯 외부적인 요인으로 인한 부정적인 감정은 따로 떼어내서 보자. 남편이나 시부모님과의 관계, 경제적 상황, 체력 등은 각각의 개선책을 찾아내는 것이 낫다. 육아는 종합예술과도 같아서 여러 요인들이 복합적으로 얽혀 있다. 따라서 이런 문제들이 아예 별개의 문제라고 할 수는 없지만 직접적인 원인은 아니라고 직시하는 것 자체가 큰 위안이 된다.

다음은 엄마와 아이의 행동 이면에 숨겨진 감정을 들여다봐야 한다. 기관에서 하원한 둘째가 놀이터에서 놀고 있을 때였다. 아는 엄마가 둘째에게 주스를 내밀었다. 뭐든지 스스로 하고 싶어 하는 둘째는 주스 뚜껑을 혼자 열겠다고 떼를 쓰기 시작했다. 하지만 5살 아이의 힘으로 그것이 될 리가 없었고, 결국 아이는 놀이터가 떠나가도록 울고불고하며 난리를 쳤다. 아이에게 주스를 준 그 엄마에게 미안하고, 그 자리에 같이 있던 다른 엄마들에게도 면목이 없었다. 도저히 진정이 안 되는 아이를 질질 끌다시피 하며 집으로 데리고 들어왔다. 집에 와서도 아이와 나에 대한 보이지 않는 말들이 여기저기 떠다니는 느낌이었다. "쟤는 도대체 왜 저럴까?" "저 엄마는 왜 저렇게 아이를 못 말릴까? "교육을 잘못하는 거 아니야?" 말들이 나를 찌르는 것 같았다.

사실 그 시기 아이는 낮잠 없는 유치원에 적응하느라 많이 피곤해했다. 그날도 집에 와서 몇 번 소리를 지르더니 금세 지쳐 잠이 들었다. 아이의 진짜 감정은 '피곤함'이었다. 그렇다면 나의 진짜 감정은 무엇이었을까. 나는 왜 그렇게 수치스러웠을까. 그 감정의 이면에는 아이보다 세상의 시선을 더 의식한 나의 체면이 있었다. 까다로운 아이, 그런 아이를 제대로 다루지 못하는 엄마. 나는 아이의 상태를 이해하고 노력하기보다 아이와 나를 향한 다른 사람들의 시선을 피하고 싶었다.

아이를 키우다 보면 이런 상황이 생각보다 많이 일어

난다. "인사해야지", "조용히 해", "그렇게 말하는 거 아니야"라는 말들에는 아이를 예의 있게 키운다는 명목하에 엄마의 체면이 숨겨져 있곤 한다. 아이를 예의 바르게 키우는 것은 좋다. 하지만 다른 사람의 시선은 옆으로 미뤄놓고 항상 아이를 상황의 중심에 놓자. 다른 사람의 시선에 내 아이와 내가 어떻게 보일지를 의식하며 살다 보면, 어느 순간 아이는 뒷전이고 체면이 앞서는 결과를 낳게 될지도 모른다.

마지막으로, 육아가 힘든 것은 무의식에 있던 내면 아이의 상처와 마주하게 되었기 때문일 수도 있다. 심리학에서는 한 개인의 정신 속에 하나의 독립된 인격체처럼 존재하는 아이의 모습과 어린 시절의 주관적인 경험을 '내면 아이^{inner child}'라고 한다. 심리학자 존 브래드쇼 _{John Bradshaw}는 어린 시절 감정이 억압된 채 상처받고 자란 성인에게는 내면 아이가 있다고 했다. 이 내면 아이는 우리의 무의식 속에 있다가, 우리가 부모가 되었을 때 비로소 수면 위로 올라온다. 어린 시절에 무시당했던 기억, 상처받았던 일들이 잊혔다가 아이를 키우며 비슷한 상황에 처했을 때 되살아나 현재의 행동에 영향을 미치는 것이다.

심리 전문가들의 상담 사례를 보면, 어린 시절 부모의 이혼이나 가출, 폭력 등 극심한 스트레스 상황을 겪고 자라 부모가 된 사람들 중에는 아이를 키우는 동안 그 상처가 고스란히 드러나 아이를 아이 자체로 받아들이지 못하고, 제대로 사랑하지 못하는 경우가 있다고 한다. 그런 결정적인 사건이 없었던 사람도 어린 시절 받은 작은 상처들을 아이에게 무의식적으로 투사하는 경우가 많다.

나에게도 잠재의식 속에 더 사랑받고 싶어 하는, 인정받고 싶어 하는 내면 아이가 살고 있었다. 대체로 화목하고 평범한 가정이었지만 일하느라 바쁘셨던 아빠와 가사 일과 동생을 돌보느라 정신 없었던 엄마를 보며 나는 자연스럽게 내 일을 알아서 하는 아이로 자랐다. 엄마의 손이 가지 않게 해야 할 일을 혼자 해놓고 조용히 책을 읽는 아이가 어린 시절의 나였고, 그런 내 모습을 보고 부모님은 칭찬하고 고마워했다. '이런 모습이어야 인정받을 수 있구나', '내 일은 내가 알아서 해야지'라는 생각을 가지고 컸고, 그 생각은 학창시절부터 회사를 다니던 시절까지 나에게 큰 힘이 되었다.

하지만 엄마가 되자 갑자기 예전의 내가 사라진 듯,

혼자 할 수 있는 일이 많지 않았다. 매번 아이를 돌보느라 진땀을 뺐고, 친정 엄마가 언제쯤 나를 도와주러 올까 목을 빼고 기다렸다. 그렇게 엄마가 와서 아이를 봐주면 잠깐이라도 밥을 챙겨 먹고, 숨을 돌릴 수 있었다. 그런 생활이 지속되자 나의 내면 아이가 화를 내고 나를 몰아붙였다. 어떻게 해야 엄마로 살면서 인정받을 수 있냐고, 혼자 아이를 착착 돌보고 집안일을 다 해내는 유능한 엄마가 되어야 인정받을 수 있는 것 아니냐고, 왜 그렇게 못하냐고.

이제는 안다. 그런 방식으로만 사랑을, 인정을 받을 수 있는 게 아니라는 것을. 어떤 모습이든 부모님은 나를 사랑하고 있다는 것을 말이다. 이렇게 되기까지는 나의 잠재의식 속에 있는 마음을 마주하고, 있는 그대로의 나의 모습을 바라보는 연습이 필요했다. 왜곡된 거울에 비친 왜곡된 자신의 모습을 그대로 받아들이지 않으려는 노력을 의식적으로 해야 한다.

혹여 어린 시절에 혹독한 일을 겪은 엄마일지라도 '나의 내면 아이가 내 아이를 망친다', '내 상처가 내 아이에게 상처를 입힌다'는 이야기에 갇혀 있지 말자. 상처 없는 사람은 없다. 상처가 평생 몸에 남는 흉터가 되지 않게 돌봐주면 된다. 흉이 지지 않게, 덧나지 않게, 내 안에 상처를 보듬어주고 다시 나아가면 된다. 엄마가 상처를 딛고 성장하는 모습을 본 아이는 더욱 단단한 사랑을 받으며 함께 성장할 것이다.

감정이 그 감정으로 끝나는 것이 아니라 뒤에 또 다른 감정이 깔려 있는 것을 초감정, 메타감정meta emotion이라고 한다. 감정 뒤에 있는 감정, 감정을 넘어선 감정, 감정에 대한 생각, 태도, 관점, 가치관을 뜻하는 것이다. 결국 육아의 무게는 자신의 감정을 얼마나 또렷하게 바라볼 수 있는가에 따라 달라진다. 내가 지금 힘든 이유가 외부적인 요인 때문인지, 체면이나 욕심 때문인지, 어린 시절에 받은 상처 때문인지, 이유만 알아도 막연하게 힘들었던 마음이 달래질 것이다.

그래도 우리는 또 아이에게 악을 쓰고 분노를 쏟아낼 것이다. 그런 순간이 찾아오더라도 낙담하지 말자. 그럴수록 자신을 보듬어주는 틈새 시간을 만들고, 그를 통해 나를 들여다보자. '아이에게 화내기-나에게 실망하기-다시 아이에게 화내기'라는 순환을 끊고, '아이에게 화내기-나를 들여다보기-틈새 시간으로 충전하기-아이에게 사과하기'라는 사이클에 올라타려는 노력을 기울이자. 또 화를 내면 다시 시도하자. 아주 조금씩, 화내는 빈도가 줄고 분노를 터트리는 정도가 잦아들면 된다. 최선을 다하되, 안 될 때는 낙담하지 말고 '내가 또 그랬구나' 하고 되짚어보고 넘기는 것이 때로는 도움이 된다.

2장

엄마의 감정 들여다보기

엄마의 감정 틈을

왜 메워야 할까

비행기에 탑승하면 승무원들이 비상 상황 대처법을 알려준다. 그때 아이와 함께 탑승한 보호자에게는 보호자가 먼저 산소마스크를 착용한 후 아이에게 산소마스크를 씌우라고 설명한다. 보호자가 본인의 생존을 위한 최소한의 조치를 취한 후에야 아이를 위한 보호가 뒤따를 수 있다는 뜻이다. 감정 역시 마찬가지다. 엄마의 감정 틈을 메우는 것이 급선무다. 엄마가 먼저 부정적인 감정을 다스려야, 사랑하는 아이를 부정적인 감정으로부터 지킬 수 있기 때문이다.

감정은 권력이 강한 쪽에서 약한 쪽으로 내려가는 경향이 있다. 화, 짜증, 분노 같은 부정적인 감정일수록 자신의 순서에서 그 감정을 걸러내지 못하고 아래쪽으로 흘려 보내는 성격이 강하다. 쉽게 말하면, 만만한 사람에게 자기의 감정을 푸는 것이다. 회사 상사는 직원에게, 시어머니는 며느리에게 부정적인 감정을 흘려 보낸다. 가정에서도 이 사이클이 되풀이된다. 상사에게 혼난 아빠도, 시어머니에게 싫은 소리를 들은 엄마도 아이에게 화를 낸다. 이 권력 구조의 끝에는 아이들이 있고 그들은 부정적인 감정들을 받는다. 왜 아이들은 화풀이의 끝단에서 어른들의 화와 짜증, 분노를 받아야 하는가. 어리다는 이유로, 가족이라는 이유로 아이들을 화의 쓰레받기로 쓰고 있는 것은 아닌가.

요즘 엄마들은 임신했을 때부터 어떤 음식이 아이의 성장에 좋을지, 어떤 음악이 아이의 두뇌 발달에 도움이 될지 신경 쓰며 태교하고 출산한 이후에는 더욱 애를 쓴다. 아이에게 좋은 신체, 인지 유전자를 물려주고, 훌륭한 아이로 자라나기 위한 환경을 조성해주려 노력한다.

하지만 상대적으로 감정에 대한 인식은 부족하다. 가정에서 아이는 부모와 형제자매를 보며 감정을 조절하고 표현하는 방식을 몸으로 체득한다. '이럴 때 엄마는 화를 내는구나, 형은 화가 나면 저렇게 이야기하는구나, 아빠는 화가 나면 저런 행동을 하는구나' 하며 생활 곳곳에서 아이는 여러 가지 색채의 감정을 느끼고, 감정을 어디까지 어떻게 표현해도 되는지를 배운다. 감정을 몸에 익히는 것이다.

이렇듯 감정은 대물림된다. 다만 감정은 혈액이나 유전자를 통해 유전되는 요소가 아니다. 가족 내 관계를 통해, 특히 부모의 말과 비언어적인 태도를 통해 환경적으로 영향을 받는다. 아이는 부모의 감정을 먹고 자란다고 해도 과언이 아니다. 그러므로 아이가 긍정적이고 밝게 자라길 원한다면, 부모가 자기 대에서 부정적인 감정의 대물림을 끊어내야 한다.

엄마가 항상 우울하고 무기력한 경우를 생각해보자. 엄마는 아이들 앞에서 자신의 감정을 숨기려고 애쓰겠지만, 아이들은 엄마의 부정적 신호를 감지하는 동물적인 감각이 있다. 우울하다고 말하지 않아도, 표정, 분위기, 말투, 행동에서 귀신같이 엄마의 감정을 알아차린다. 동시에, 앞서 언급한 '거울 뉴런'이 작동하여 엄마의 감정이 아이 마음속에 심어진다. 이런 메커니즘은 그 감정이 부정적일 때 더욱 기민하고 빠르게 작동한다. 결국, 엄마의 우울한 감정은 아이들에게, 가족 전체에게 전달된다.

우리 뇌가 행동 패턴을 기억해 습관 회로를 만들듯이, 감정도 마찬가지다. '화'라는 부정적 감정이 신호로 입력되었을 때 '술'이라는 행동이 반복되면, 그 사람의 습관 회로는 화가 날 때마다 술을 마셔서 푸는 것으로 자리 잡는다. 오래된 습관일수록 습관 회로가 견고하게 자리 잡아 바꾸기가 어려워진다. 그래서 엄마의 마음을 건강하게 어루만지는 습관이 중요한 것이다. 결국, 감정도 습관이다.

예전의 나는 무엇이든 '열심히'만 하면 저절로 행복이 찾아올 줄 알았다. 공부도 열심히 하고, 일도 열심히 하고, 아이 역시 열심히 기르기만 하면 되는 줄 알았다. 하지만 이상하게도 육아는 열심히 하면 할수록 밑 빠진 독에 물 붓듯이, 탈곡기로 탈탈 털듯이 내가 소진되는 일이었다. '열심히 먹여야지' 마음먹고 요리했는데 먹는 둥 마는 둥 깨작깨작하는 아이들을 보면 열불이 났고, '열심히 놀아줘야지' 하고 보드게임을 하고 난 후 엉망이 된 방을 보면 화가 버럭 났다. 그 이유를 생각해보니 나는 '열심히' 아이들만 생각했던 것이다. 육아를 하는 주체인 나에게 '열심히' 해준 것은 아무것도 없었다.

이 '열심히' 한쪽에만 퍼붓는 육아의 패턴을 바꿔야 한다. 지금까지 모든 에너지를 아이에게 썼다면, 이제는 육아를 하는 주체인 자신에게 일정 부분을 쓰자. 아이가 어릴 때는 나에게 1만큼의 에너지를 쓸 수 있었다면, 아이가 커갈수록 그 에너지의 비중을 조금씩 늘리자. 아이에게 쓰는 에너지를 줄이는 것을 겁내지 말자. 아이도 엄마의 도움 없이 혼자 무언가를 해보는 경험들이 차곡차곡 쌓일 때 성장할 수 있다.

아이에게 쓰지 않고 남은 에너지는 틈새 시간을 통해 나의 감정을 들여다보고, 부정적인 감정들을 해소하는 데 쓰여야 한다. 그렇지 않으면, 어느 순간 부정적인 감정들이 쌓이고 쌓여 별일 아닌 일에도 감정이 폭발하는 순간이 온다. 넘어져서 다치면 소독해주고 약을 발라주듯, 우리 마음에도 부정적인 감정에 대한 응급조치가 필요한 것이다. 감정도 잘 돌봐주지 않으면 덧나고 짓물러 염증이 생길 수 있다. 이 마음의 염증은 아이에게까지 영향을 미친다는 점에서 더 치명적이다. 그러므로, 자신의 감정을 어루만지는 시간이 반드시 필요하다. 그 시간은 나를 위하는 동시에 아이를 위한 시간이기도 하다.

작가 조셉 칠턴 피어스Joseph Chilton Pearce는 "우리의 말보다 우리의 사람됨이 아이에게 훨씬 더 많은 가르침을 준다. 우리가 우리 아이들에게 바라는 바로 그 모습이어야 한다"고 했다. 우리는 아이들에게 가르치지 말고 보여줘야 한다. 부정적인 감정이 생길 때는 어떻게 대처해야 하는지, 어떤 식으로 표현해야 하는지, 그 표현의 적당한 선은 어디까지인지 설명하지 말고 직접 보여줘야 한다. 이 말은 완벽한 부모가 되라는 것이 아니다. 부모도 미성숙한 인간이고, 부모 역할이 처음이기에 언제든 실수할 수 있고 아이 앞에서 부족한 모습을 보일 수 있다. 하지만, 자신의 감정에 틈이 있다는 것을 알고, 그 틈을 메우려 노력하는 모습 자체가 아이에게는 큰 가르침이다. 자신의 감정을 알아차리지 못하는 부모, 감정에 휘둘리는 부모, 그런 감정을 아이에게 전가하는 부모의 모습을 보여주고 싶은가? 아니면 자신의 감정을 알아차리고 다스리려고 노력하는 부모의 모습을 보여주고 싶은가? 후자가 바람직한 부모라는 것은 말하지 않아도 모두가 알 것이다.

아이의 마음을 챙기는 것만큼 엄마의 마음을 챙기는

것이 중요하다는 사실을 명심하고, 긴 육아의 여정을 걸어가길 바란다. 육아를 하는 중에도 긴급 상황은 자주 들이닥친다. 아이의 몸에 상처가 나서 생기는 긴급 상황만큼 엄마의 감정 폭주로 엄마와 아이의 감정이 다치는 긴급 상황도 자주 일어난다. 평소에 엄마의 마음을 챙긴 노력은 그런 상황에서 일상의 산소마스크가 되어 모두가 숨을 쉴 수 있게 도와줄 것이다.

엄마로 행복하기 위해 충족되어야 할 조건

꽃 한 송이를 피우기까지는 땅을 고르고 씨앗을 뿌리고 물을 주는 일이 선행되어야 한다. 마찬가지로 엄마로 행복하기 위해서는 꼭 충족되어야 하는 조건들이 있다.

첫 번째는, 자신을 위한 시간을 확보하는 것이다. 여기에서 시간이란, 혼자만의 시간, 오롯이 본인에게 집중하는 시간을 뜻한다. 숨 돌릴 새도 없는데 나를 위한 시간이라니 배부른 소리 한다고 생각할 수도 있다. 나도 아이들이 어렸을 때 그런 시간을 가진다는 것은 감지덕지라고 생각했다. 하지만, 나를 위한 시간이 꼭 길 필요는 없다. 상황이 여의치 않으면 10분만이라도 좋다. 생각해보면, 우리는 늘 시간이 없다고 하지만 스마트폰을 보는 데 몇 시간을 훌쩍 넘기지 않는가. 내가 가진 시간을 흘려보내지 말고 10분씩만 나를 위해 써보자. 아이가 낮잠 자는 시간, 기관에 가는 시간, 모두가 잠든 밤, 아무도 깨지 않은 아침 등. 일상에 아주 작은 한 조각을 나를 위해 쓴다고 생각하자.

나의 경우 아이들이 잠들고 내 시간이 시작되면, 초롱초롱한 눈으로 텔레비전을 보거나 스마트폰을 붙잡고 있곤 했다. 맥주 한잔, 자극적인 야식은 옵션이었다. 온종일 아이와 시간을 보내고 나면, 에너지가 필요한 활동 대신 정적인 활동을 주로 할 수밖에 없었다. 하지만, 그런 생활을 몇 년간 하다 보니, 그것이 정말 나를 위한 시간인가 의문이 들기 시작했다. 스마트폰을 보고, 야식을 먹고, 술 한잔하는 시간은 언뜻 보면 육아 스트레스를 푸는 활동으로 보이지만, 결국 내게 남은 것은 덕지덕지 붙은 살과 다음 날 가중된 피로였다.

그러던 어느 날, 전날 아이들과 함께 일찍 잠들어서인지 평소보다 눈이 일찍 떠졌다. 혼자 사부작사부작 요가 홈트레이닝을 하며 뜨는 해를 보았다. 아무도 나를 찾지 않는 고요함. 나 이외의 다른 존재에 대해 신경 쓰지 않아도 되는 자유로움. 아침의 평화로우면서도 무한한 에너지가 내 몸 전체에 퍼지는 느낌이었다. 육아를 하며 처음으로 내 안의 소리에 귀를 기울였고, 그 소리는 해가 뜨는 순간 더 명확해졌다. 그렇게 재충전된 상태로 아이들을 대하니 이전보다 훨씬 여유가 느껴졌다. 그날부터 나는 무리하지 않는 선에서 조금 일찍 일어나 온전한 나를 만나고 있다.

어떤 시간이 자신에게 맞는 시간일지는 본인이 가장 잘 알 것이다. 나처럼 새벽에 기상했을 때가 본인에게 몰입이 잘 되는 사람이 있고, 모두가 잠든 캄캄한 밤에 혼자만의 세계에 침잠하는 것이 좋은 사람도 있다. 사람의 생체 시계는 제각기 다르므로, 본인에게 맞는 시간대를 선정하자. 그리고 되도록 자주(매일매일 하는 것이 가장 이상적이다) 짧게나마 나만의 시간을 가지자. 가능하다면 스마트폰과 텔레비전에 끌려가지 말고, 혼자 있을 때만 할 수 있는 활동을 찾아보자. 그것을 습관으로 만들어, 매일 그 시간이 오면 당연히 하는 루틴으로 정착시키자. 매일 아이들을 돌보듯, 당연히 나의 마음도 돌봐주어야 한다는 생각을 가지고 실행하자. 그리고 내가 내 시간을 적극적으로 사수하는 노력을 다른 가족들에게 보여주자. 그래야 그들도 내 시간의 가치를 알게 된다.

시인 샤를 보들레르Charles Baudelaire는 "고독은 사람에게 해롭기는커녕 행복을 준다"고 했다. 고독한 시간은 자신만이 줄 수 있는 선물이다. 고독할 시간을 따로 떼어놓지 않으면, 어느 순간 SNS를 보거나, 만나지 않아도 되는 사람들 속에서 시간을 흘려보내며 나를 만날 시간을 놓치게 된다. 남과 떨어져 온전한 나로 존재할 때, 내 안에 에너지가 쌓일 것이다.

두 번째 조건은 건강 관리다. 건강을 유지하기 위해서는 잘 자고 잘 먹는 것이 중요하다. 이 역시, 배부른 소리로 들릴 수 있다는 것을 안다. 아이가 어릴수록, 아이의 수가 많을수록, 아이가 기관을 가지 않을수록, 엄마가 잘 자고 잘 먹는 일은 불가능의 영역에 가깝다는 것도 안다.

그렇다면 '잘'이라는 수식어 대신 '적당히'를 넣어서 생각해보면 어떨까. 적당히 자고 적당히 먹는 습관을 갖는 것을 목표로 가지면, 기준이 낮아지기 때문에 달성하기가 쉬워지고 마음도 편해진다. 그렇지 않으면 아이와의 시간을 버티기가 힘들어진다. 육아는 장기 레이스다.

특히 이 레이스의 초반은 체력과의 싸움이므로, 엄마의 건강 관리는 필수다.

전문가들은 아이의 안정적인 애착 형성을 위해 중요한 세 가지 요소를 민감성, 반응성, 일관성이라고 한다. 만약 잠을 제대로 못 자고, 제대로 못 먹는 상황이 장기간 지속되면 아이가 원하는 것이 무엇인지 민감하게 파악하기 힘들다. 또한, 일관되게 아이에게 반응하기가 어렵다. 반대로, 엄마의 컨디션이 좋으면, 아이에게 화내지 않고, 아이의 요구에 민첩하게 대응할 수 있다. 그러면 아이도 구태여 짜증을 내거나 떼를 쓰지 않고 비교적 원만한 하루를 보낸다. 엄마의 컨디션이 곧 아이의 컨디션인 것이다.

나는 아이 둘을 기르면서 여러 번 병원 신세를 졌다. 유난히 발육 상태가 좋으면서 걸음마는 늦게 했던 첫째를 안고 다니느라 허리 통증 때문에 치료를 받기도 했고, 둘째를 키우면서는 만성 비염 때문에 온종일 재채기를 하며 약 때문에 몽롱한 상태로 아이들과 함께 지내기도 했다. 그중 가장 힘들었던 기억은, 첫째를 출산하고 5개월이 지날 무렵 몸조리를 위해 먹던 한약 부작용으로 급성간염을 진단받고 입원했던 때였다. 입원 전부터 황

달 증상이 나타나고 몸이 축축 처졌는데, 피곤해서 그런 거겠지 하고 넘기다가 간 수치가 정상의 수십 배가 넘는 상태가 되어서야 입원을 하게 되었다.

출산 후 처음으로 며칠 동안 아이와 강제 분리되었다. 게다가 나는 그때 완모를 하고 있었는데, 간염 치료에 쓰이는 약품들은 모유 수유에 적합하지 않아 젖을 물릴 수가 없었다. 아이에게는 엄마가 갑자기 사라진 상황도 모자라, 맘마까지 없어진 것이었다. 나 역시 준비되지 않은 상태에서 입원했으니, 아이의 배꼽시계에 맞춰서 젖이 차올랐고 병원에서 유축기로 젖을 짜내고 버리며 회복되기를 기다렸다. 이틀 정도 아무것도 먹지 않고 버티던 첫째는 결국 분유를 탄 젖병을 빨 수밖에 없었다. 나의 경우는 예기치 않게 건강에 문제가 생긴 것이었지만, 엄마의 컨디션이 곧 아이의 컨디션이라는 결론은 동일하다. 너무나 당연한 이야기이지만, 엄마가 건강해야 아이가 젖도 먹고, 엄마의 체취를 맡고 살을 만지며 잠들 수 있는 것이다.

앞서 언급한 시간 확보와 건강 관리라는 조건은 언뜻 상충되는 것처럼 보일 수 있다. 잠을 적당히 자야 하는데, 또 나를 위한 시간도 내라고 하니 말이다. 두 가지가 충돌할 때는 건강을 먼저 챙겨야 한다. 특히, 백일 이전의 아이를 키우거나 아이의 수면 사이클이 자리를 잡지 못한 경우에는 무조건 '수면'이 먼저다. 아이가 잘 때 같이 휴식을 취하는 것이 자신을 위한 시간을 내는 것이다. 아이가 지구의 시계에 어느 정도 적응을 마친 후부터, 아주 조금씩 자신을 위해 시간을 내면 된다.

처음에는 5분만 할애해도 좋다. 1퍼센트씩 더 늘린다고 생각하고 시작하자. 동시에 나의 건강을 챙기자. 아이에게 한우 이유식을 만들어주었으면 스스로에게도 그에 상응하는 맛있는 커피 한 잔이라도 배달시켜 먹자. 아이의 수학 공부를 도와주었으면, 좋아하는 드라마 한 편이라도 보자. 그래야, "내가 너를 어떻게 키웠는데"라는 마음을 가지지 않고 아이와 동행할 수 있다.

때로는 어렵게 만든 일상의 사이클이 무너지는 순간들이 찾아올 것이다. 아이의 방학 기간이라서, 아이가 아파서 나를 위한 시간과 노력을 내기 힘들 때도 있다. 그래도 괜찮다. 이 모든 것은 엄마인 나를 일상 속에서 사랑하기 위함이다. 나를 다그치고, 몰아치지 말자. 꾸준히, 생각날 때마다 나를 챙기면 된다. 거창하지 않고, 소박하게.

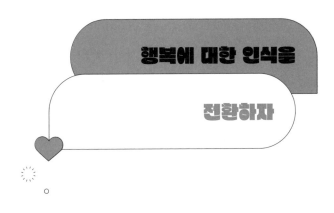

행복에 대한 인식을 전환하자

육아 전문가들은 엄마가 행복해야 아이가 행복하다고 말한다. 어떻게 해야 행복할 수 있을까?

집을 둘러보면 해야 할 집안일이 잔뜩 쌓여 있고, 가족들이 먹고 난 식기들이 설거지통에 그득하고, 아이들 옷과 장난감들이 여기저기 널려 있다. 거울 속에는 목이 다 늘어난 티셔츠를 입고 머리를 질끈 묶은 초췌한 얼굴이 보인다. 이곳에서는 행복을 찾을 수 없을 것 같다.

'집을 떠나자.' 떠나면 달라질 거라는 생각에 사로잡혀 여행을 떠나기로 한다. 짐을 싸면서부터 예전의 여행

과는 다른 여행이 되리라는 느낌이 온다. 기저귀, 비상약, 유모차, 장난감, 이유식, 간식, 젖병 등등 아이의 물건으로 짐이 가득하다. 짐을 싸서 집을 떠나도 엄마는 여행 내내 아직 지구별에 정착하지 못한 귀여운 생명체를 끊임없이 시중들어야 한다. 아이는 차에 오래 앉아 이동하는 것이 힘들고, 바뀐 잠자리가 낯설고, 평소 사이클이 틀어져 더 찡얼거린다. 밥은 입으로 들어가는지 코로 들어가는지, 집에서 잘 자던 아이가 여행지에서는 왜 그렇게 깨는지…. 여행 내내 아이의 짜증과 울음을 받아주고 집에 돌아와 느낀다.

'아, 아이와의 여행은 힐링이 아니었어.'

행복을 찾기 위해 쇼핑도 해보고, 외식도 해보지만, 아이는 계속 징징대고 힐링은커녕 고생만 하고 집에 들어오기 일쑤다.

나 역시 '집'이라는 공간, '일상'을 벗어나기 위한 시도를 참 많이 했다. 그렇게 일상을 벗어나면 육아라는 짐이 좀 덜어질 줄 알았다. 하지만 그렇지 않았다. 그런 시도 끝에 남은 것은 징징대는 아이를 달래느라 생긴 몸과 마음의 피로와 미뤄둔 집안일들이었다. 채워진 마음이 아니라, 허무함만 남았다.

그런 경험들을 통해 알게 된 것은 출산 전의 삶과 지금의 삶은 다르다는 것, 그렇기에 엄마의 힐링은 출산 전과 다른 방식이어야 한다는 것이다. 일단 내가 생각하는 '행복'이라는 감정을 재정의해야 했다. 매번 새로운 곳에 가서, 엄청난 텐션으로 즐거움을 느껴야 행복하다는 인식을 바꾸려고 노력했다. 새로운 맛집을 찾아다니고, 친구들과 떠들썩하게 웃고 이야기 나누고, 이국적인 장소로 여행을 떠나야 느껴지는 감정만 행복이 아니라는 생각 말이다. 소소한 일상 속에도 작은 행복이 깃들어 있다. 산책길에 만난 강아지들, 미세먼지 없는 산뜻한 공기, 집에서 좋아하는 영화를 보면서 느끼는 여유, 향기로운 차 한잔 등 소소한 작은 행복들은 언제나 우리 곁에 있다.

행복 연구자들의 '행복 기준점 이론happiness setpoint theory' 이 이런 생각을 뒷받침한다. 연구에 따르면, 사람은 성향과 유전에 따라 행복을 느끼는 수준인 '행복 기준점'을 타고나며 이 기준점은 사는 동안 잘 바뀌지 않는다고 한다. 복권 당첨으로 엄청난 돈을 한꺼번에 벌거나 대통령에 당선되어 권력을 거머쥐더라도 그 기쁨은 오래가지 못하고 어느 순간 원래의 행복 기준점으로 돌아간다고 한다. 결국, 엄청나게 큰 기쁨도 시간이 지나면 본인이 타고난 행복 기준점에 수렴된다는 것이다. 타고난 대로 살라는 말이 아니다. 전반적으로 행복한 삶을 사는 데는 기쁨의 크기와 총량보다는 빈도가 더 중요하다는 뜻이다. 또한, 복권 당첨 같은 외적인 변화는 행복 기준점을 바꾸지 못하지만, 내적인 변화는 바꿀 수 있다고 한다. 요약하자면, 일상 속에서 작은 행복들을 자주 찾으려 노력하고, 내적인 변화를 이끌어내는 행복을 느낄수록 바람직하다는 것이다.

행복 연구자들이 내린 행복한 사람의 정의 역시 이런 생각과 부합한다. 그들은 "행복한 사람이란, 스스로의 삶에 만족하고, 행복감과 즐거움 같은 긍정적인 정서를 보다 많이 경험하고, 불안이나 분노 등의 부정적인 정서를 보다 적게 경험하는 사람"이라고 한다. 많은 돈, 직업, 권력, 명예를 가진다고 행복이 보장되지 않는다. 돈을 많이 벌지만 더 많이 갖기 위해 아등바등하며 살 수도 있고, 남들이 부러워하는 직업을 가졌지만 그 일에서 재미를 찾지 못할 수도 있다. 결국 행복이란 자신만이 찾을 수 있는 주관적인 것이다. 틈새 시간을 통해 자신이 좋아하는 활동을 하면서 소소한 즐거움과 재미를 찾자. 그러다 보면 어느 순간 자신감과 자존감까지 얻을 수 있을 것이다. 오직 나만이 나의 행복을 찾을 수 있다.

그렇게 행복에 대한 생각을 바꾸고 일상을 다른 시선으로 보자. 일상은 누구에게나 중요하지만, 엄마에게 일상의 순간들은 모두 근무시간이다. 우리가 먹고 자고 싸는, 평범한 일상의 공간 속에서 엄마는 아이를 돌보고, 집안일을 하고, 동시에 경제적인 활동도 한다. 그러므로, 일상의 소소한 순간에 엄마인 자신을 사랑하는 일은 가끔 떠나는 여행보다 훨씬 중요하다. 우리가 늘 둘러싸여 있는 일상에서, 엄마는 행복할 권리가 있다.

역설적으로, 나는 코로나19 덕분에 일상의 가치를 깨닫게 되었다. 초반에는 코로나19가 종식되면 가장 하고 싶은 일이 해외여행이었다. 설렘이 가득한 공항에 가서 분위기를 만끽한 후, 비행기에서 영화를 보면서 기내식을 먹고, 이국적인 공항에 내려 나를 아는 사람이 아무도 없는 곳에서 푹 쉬다 오는 그 경험이 불가능해진 것 같아 슬펐다.

길어지는 집콕과 기관에 가지 못하는 아이들의 에너지에 부대끼다 못해 지친 어느 날, 문득 깨달았다. 내가 되찾고 싶은 것은 평범한 일상의 한 조각이라는 것을 말이다. 아이들을 학교에, 유치원에 데려다주고, 집으로 돌아온 나는 자투리 시간을 가진다. 그러다 오후가 되면 다시 아이들을 만나 북적북적하는 일상이 너무 그리웠다.

하지만 언제까지나 그리워만 하고 있을 수는 없기에, 코로나 시국에도 행복이라는 싹을 찾으려 노력했다. 집에서 배달시켜 먹을 수 있는 맛집 음식 한 끼, 아이와 함께 재활용품으로 만든 멋진 장난감, 가족 중 아무도 온기 없는 병실에 갇혀 치료받지 않아도 된다는 감사함 등이 그 시간을 지탱하게 해주었다. 그리고 그런 팍팍한 일상 속에서 아주 작은 부분을 나를 위해 할애하기 시작했다. 매일매일 짧게나마 오롯이 나를 들여다보는 틈새 시간은 차곡차곡 쌓여 큰 힘이 되었다. 아이가 짜증 내도 한번 꾹 참아보는 힘, 아이의 마음을 읽어주는 힘. 이 모든 힘은 나를 충전하는 시간에서 나왔다.

이 글을 쓰고 있는 나 역시 물욕이 많고, 여행을 너무나 좋아하는 평범한 엄마다. 그래서 여전히 스트레스를 받으면 물건을 사면서 대리만족하기도 하고, 비루한 일상을 제쳐두고 훌쩍 떠나 기분 전환을 한다. 이런 물질적인, 외적인 만족감 역시 큰 행복을 준다. 이런 것들을 배제하고 수도승 같은 생활을 하자고 주장하는 것이 아니다. 조금 더 오래, 쉽게 영위할 수 있는 방법을 찾아 보자는 것이다.

물질을 통해 얻어지는 행복감은 일시적이면서 값이 비싸고 지속 불가능한 행위들이 많다. 현실적으로 행복해지기 위해 매번 가방을 산다든가, 맛집을 간다든가 하는 행위를 지속하기는 쉽지 않을 것이다. 하지만, 앞으로 이야기할 일상 속 행복을 찾는 활동은 크게 돈이 들지 않으면서도 마음을 채울 수 있고, 지속할 수 있다. 그리고 그런 내면의 변화를 일으키는 활동들은 행복의 기준선을 높여 장기적으로 더 질 좋은 행복감을 느낄 수 있게 도와줄 것이다. 심지어, 아이들과 함께하는 순간순간 실천 가능한 것들이다.

행여, 여러 시도를 해도 행복감을 느끼지 못할지도 모른다. 억지로 행복하려는 노력을 하지 않아도 괜찮다. 행복에 대한 압박감을 벗어 던지고, 지금 그대로의 상태를 받아들이자. 모든 엄마가 육아하면서 행복한 것도 아니고, 꼭 행복해야 하는 것도 아니다. 사람은 누구나 추억을 아름답게 포장하거나 나쁜 기억은 지우고 좋은 기억만 남기려는 심리가 있다. 그래서 어린아이를 키운 지 오래된 나이 지긋한 아주머니들은 자신들이 힘들었던 기억은 잊고, 아이 키우느라 힘들고 우울하다고 푸념하는 젊은 엄마들에게 "그때가 좋은 거예요"라고 이야기하곤 한다. 물론, 그 말도 일리는 있다. 아이가 품 안에 들 때가 몸은 힘들어도 마음은 편한 거라고들 하니까. 아이가 사춘기만 되어도 문 쾅 닫고 들어가서 엄마 속을 뒤집어놓으니 올망졸망할 때가 귀여운 것은 사실이다. 하지만, 그런 말에는 아이가 어릴 때 잠 못 자고, 제대로 못 먹고, 자기 시간이 없었던 기억이 지워져 있다. '나는 왜 아이와 있으면 힘들기만 할까? 모성이 부족한 걸까?' 하는 생각, 엄마가 행복해야 한다는 강박관념에서 벗어나자. 육아하면서 행복하지 않을 때도 있다.

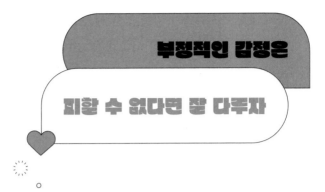

부정적인 감정은

피할 수 없다면 잘 다루자

　앞서 부정적인 감정들이 엄마를 얼마나 힘들게 하는지 이야기했다. 세상에 태어나 가장 잘한 일이 아이를 낳은 일이라고 생각할 만큼, 너무나 소중하고 예쁜 아이와 함께하면서도 우리는 왜 감사와 행복보다 부정적인 감정에 더 많이 휩싸일까?

　긍정적인 감정은 쉽게 휘발되기 때문이다. 반면, 부정적인 감정들의 무게는 긍정적인 감정보다 훨씬 무거워서 내 안에 켜켜이 쌓인다. 작은 걱정이 모이면 큰 걱정이 되고, 작은 화가 쌓이면 큰 화가 된다. 미처 해소하지 못한 스트레스가 쌓여 있을 때, 아이가 나를 건드리면 별것 아닌 일에 집이 떠나갈 듯 소리를 지르며 감정이 폭발한 경험이 누구나 있을 것이다. 이렇게 내 안에 부정적인 감정이 조용히 내리는 눈처럼 쌓이지 않게 하려면 마음도 쓸어내고 치워야 한다.

마음을 비워내는 첫 번째 방법은 스스로 감정을 돌아보고 받아들이는 것이다. 사회과학자들에 의하면 불편한 마음을 억누르면 오히려 저항이 더 커지고, 반대로 수용하면 커지지 않는다고 한다. 수용이란 피하지 않고 현재 상황과 직접 마주한다는 의미다. 내가 어떻게 손쓸 수 있는 문제가 아니니 체념하고 받아들이는 것이 아니라, 이미 벌어지고 있는 일이니 그 상황을 직시하는 것이다.

억지로 '나는 우울에서 벗어나야 한다. 나는 우울하면 안 된다'라고 마음을 억누를수록 상황은 악화된다. '나는 우울하다. 하지만 이것은 나쁜 감정이 아니다. 대부분의 엄마들이 가졌고, 거쳤던 자연스러운 감정일 뿐이다. 그러니 괜찮다' 하고 감정을 받아들이되, 눈을 똑바로 뜨고 언제든 그 감정을 처리할 수 있다는 마음을 가지자. 자신의 마음을 명확하게 들여다볼수록, 효과적으로 대응할 수 있다. 부정적인 생각과 스트레스는 우리 삶의 일부일 뿐이다. 언제나 우리 곁에 있으니 어차피 떼어낼 수 없다면 현실을 마주하고 마음의 면역력을 길러 그 감정들이 우리 몸을 지배하지 않도록 하는 편이 낫다.

두 번째 방법은 일단 행동을 멈추는 것이다. 한없이 화가 나고, 짜증이 차올라 '이러다가 또 뚜껑이 열리겠군' 하는 생각이 들 때, 의도적으로 잠깐 모든 행동을 멈추자. 관성적으로 우리를 소리 지르게 하고 얼굴 붉히게 하는 부정적인 감정의 연속성을 일시적으로 끊어주는 것이다. 잠시 멈추면, 설사 다시 부정적인 감정이 이어지더라도 그 강도는 훨씬 낮아져 있다.

우리는 모르는 사이에 점차 빨라지는 화의 엘리베이터에 탑승해 있다. 때로 그 엘리베이터는 몇 초 만에 1층에서 100층까지 초고속으로 달린다. 중간에서 잠시 내리자. 진정한 후 다시 그 엘리베이터를 타면 화의 정점까지 올라가지는 않을 것이다. 하버드대학교 질 볼트 테일러 Jill Bolte Taylor 박사는 부정적인 생각이나 감정의 수명은 90초에 지나지 않는다고 했다. 10초만 멈춰도 급한 불은 끌 수 있는 것이다. 이때, 심호흡을 깊게 하면 더 빨리 이성을 되찾을 수 있다. 심호흡을 하면 안정 호르몬이 나오면서 심장이 안정적으로 뛰고 일단 중립 상태가 될 수 있다.

세 번째 방법은 상황을 객관적으로 관찰하기다. 아이와 대치 상태가 되었을 때, 잠시 나에게서 빠져나와 나 자신을 바라보는 유체이탈을 한다고 상상하는 방법이다. 내가 그 상황에 주체가 아닌 '관찰자'가 되어보자.

아이와 부모의 일상을 함께 보면서 다양한 육아 고민을 해결하는 텔레비전 예능 프로그램이 있다. 그 프로그램에 출연한 부모들이 패널들과 영상을 보며 자주 하는 말이 있다. "제가 저렇게 말했는지(행동했는지) 몰랐어요." 영상 속 자신의 모습이 낯설다는 듯 놀라워한다. 자신이 그 상황의 주인공이면서도, 어떻게 행동하고 말하고 있는지를 인지하지 못하는 것이다.

우리가 감정의 폭주라는 상황 속에 놓일 때도 다르지 않다. 감정이 폭주하는 기차에 올라타 창밖에 어떤 풍경이 스쳐 지나가는지도 모르고 씩씩거리며 달리는 셈이다. 그럴수록 유체이탈을 하듯 나 자신을 바라봐야 한다. 그리고 아이가 갑자기 그 행동을 하게 된 이유가 무엇인지, 맞닥뜨리는 상황이 다른 1차 감정에서 유발된 2차 감정으로 벌어진 건 아닌지 살펴봐야 한다. 대부분의 대치 상황은 이런 이유인 경우가 많다. 레고 블록이 없어져서 짜증이 나 있던 아이는 엄마가 숙제하라고 하자 화를 내며 버릇없는 말투나 행동을 보인다. 아이의 1차 감정은 레고가 없어진 상황에서의 '짜증'이었고, 엄마의 잔소리가 더해지자 2차 감정인 '화'가 폭발된 것이다. 이런 경우 "레고가 없어져서 짜증이 났는데 엄마가 숙제 이야기를 하니까 화가 났구나. 그렇다고 해서 버릇없는 행동을 하면 안 되는 거야"라고 1차 감정인 짜증이 난 마음을 먼저 읽어준 뒤 훈육이 필요한 부분을 짚어주면 아이는 어깃장 부리지 않고 상황을 받아들이게 되어 문제를 키우지 않고 해결할 수 있다.

아이와의 갈등 상황에서는 드론을 띄우듯 모든 상황을 위에서 살펴보는 마음으로 객관화하자. 실제 육아 상황에서 적용이 힘들다면, 갈등이 닥쳤을 때 영상으로 찍어보는 것도 좋은 방법이다. 나중에 영상을 다시 보면, 이 상황은 이런 이유로 일어났는데 나는 어떤 행동으로 기름을 부었구나, 이 아이의 원래 마음은 그런 게 아니었구나 등등 많은 것이 객관적으로 보일 것이다. 비슷한 갈등 상황에 놓일 때, 영상을 보며 되뇌었던 말을 현실에 적용하면 도움이 된다. 만약 이런 방법들도 도움이 되지 않는다면, 잠시 아이와 거리를 두자. 아이가 혼자 있어도 위험하지 않을 정도의 연령이라면 잠시 아이가 있는 곳이 아닌 다른 공간으로 가서 잠시 숨을 고르자. 몇 발자국만 떨어져도 아이가 덜 밉게 보이고, 자신을 진정시킬 수 있을 것이다. 일정한 거리두기는 엄마와 아이 모두에게 필요하다.

마지막으로, 자신을 보듬는 것이다. 심리학자 랜디 카맨^{Randy Kamen}의 자기 대화(머리로 하는 혼잣말)에 대한 연구를 살펴보면, 대부분의 사람이 부정적인 자기 대화를 나누고 있다고 한다. 심지어 자신이 싫어하는 사람에게도 하지 못할 모진 말들을 자기 자신에게 퍼붓고, 이를 끊임없이 반복한다고 한다. 생각보다 많은 사람이 타인의 불쌍한 처지를 얼핏 보고 연민이라는 감정을 쉽게 가지지만, 자신의 처지를 자비로운 마음으로 들여다보지 않는다. 친한 친구라 생각하고(실제로 나 자신은 나의 가장 친한 친구다), 다정하게 자신에게 말을 걸어보자. 위로는 꼭 타인에게 받아야 하는 것이 아니다. 항상 남편이, 친구가, 친정 엄마가 내 힘든 마음을 알아주기를 기다리며 의존하지 말고, 스스로 자신을 보듬어주자. 열심히 엄마 노릇 하느라 수고하는 나, 일하면서도 가족들 챙기느라 고생하는 나는 내가 토닥여야 한다. 부정적인 말들은 되도록 내 머릿속에서 몰아내고, 장점, 긍정적인 측면에 귀를 기울여보자. 나를 긍정적으로 받아들일 때, 비로소 진정으로 행복할 수 있다.

틈새 시간을 통해, 긍정 확언을 해보는 것도 자신에 대한 긍정적인 믿음을 강화하는 데 도움이 된다. 우리는 이미 긍정 확언을 시도해본 적이 있다. 수험생일 때, "나는 꼭 합격한다", "나는 꼭 ○○대학에 입학한다"는 확언을 되뇌고 공책에 쓰면서 공부했던 경험이 그것이다. 이런 다짐과 마찬가지로 긍정 확언은 "나는 나를 사랑한다. 나는 운이 좋은 사람이다. 나는 내 인생의 주인이다" 등 자신을 다독이고, 긍정적인 기운을 불어넣는 모든 말을 가리킨다. 매일 거울을 보며 긍정 확언을 되풀이하는 것을 낯 뜨겁고 민망하다고 생각할지도 모른다. 처음에는 공책에 좋아하는 드라마 대사나 책의 구절을 쓰는 것으로 시작해도 좋다. 긍정적인 말이면 모두 괜찮다. 조금씩 익숙해지면 자신에 대한 긍정적인 응원을 보내자.

이 모든 방법을 다 삶에 적용하려 애쓰지 않아도 된

다. 부정적인 감정이 나를 잠식할 때, 기억나는 만큼만 조금씩 적용하면 된다. 어느 날 갑자기 자신이 친절하고 다정한 엄마의 모습으로 변신하는 기적 같은 순간은 오지 않는다. 하지만 아이와의 대치가 점차 짧아지고, 아이와의 갈등이 덜 숨 막히고, 조금씩 감정 조절을 하는 자신이 좋아지는 순간은 언젠가 올 것이다.

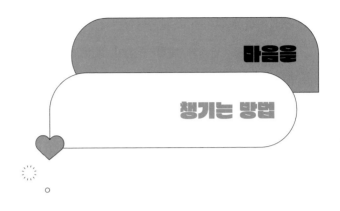

마음을
챙기는 방법

어느 날 우울하고 무기력한 마음을 달래기 위해 요가 홈트레이닝을 하던 중에 우연히 요가 니드라를 접하게 되었다. 요가 니드라는 쉽게 말해 누워서 몸을 이완시킨 채 하는 명상이다. 잠에 든 것처럼 편안하지만 의식은 깨어 있는 상태를 유지한 채, 나의 몸 구석구석을 인식하고 호흡을 자각함으로써, 복잡한 몸과 마음을 비우는 것이다. 안내자의 음성을 따라 요가 니드라를 수행하고 나니 마음이 휴식을 취한 듯한 기분이었다. 그저 누워서 생각을 멈추고 나에게 집중한 것뿐인데, 잠을 푹 잔 것처럼 머리가 맑아지고 개운해지는 신기한 경험이었다. 이를 계기로, 명상에 대한 관심이 생겼고, 명상이라는 방법론에 국한하지 않고 생활 전반에서 내 마음을 챙기는 노력을 기울이게 되었다. 이를 '마음 챙김mindfulness'이라고 한다.

불교 명상의 핵심적인 가르침인 마음 챙김은 팔리어 Pali language 'sati'를 번역한 말로, 자각awareness, 주의attention, 기억remembering 등의 의미를 내포한다. 이것의 가장 중요한 본질은 '자연스럽게 나타나는 현상들에 대해서 마음을 챙기고 관찰하기'다. 이는 앞서 알아본 부정적인 감정을 다루는 방법과 비슷한 결을 가지고 있다. 순간순간 감정이나 생각을 있는 그대로 인정하면서 알아차리는 것, 그리고 그것을 수용하는 과정을 통칭한다.

우리는 끊임없는 생각과 감정으로 인해 진정한 휴식을 취하기 어렵다. '내일은 몇 시에 무슨 미팅이 있지. 그러면 미리 회의 준비를 해야겠네…. 아이 준비물이 뭐더라. 숙제는 했으려나….' 퇴근하고 집으로 돌아와서도 몸은 쉬고 있지만 머리로는 꼬리에 꼬리를 무는 생각에서 벗어나지 못한다. 이를 '몽키마인드monkey mind'라고 한다. 원숭이가 이 나무 저 나무로 옮겨 다니듯 이 생각저 생각으로 마음이 어수선한 상태를 일컫는다. 이렇게 두뇌가 쉬지 못하고 마음이 번뇌로 가득 차 있는 상태가 반복되면, 어느 순간 우리 몸이 부정적인 생각과 마음을 받아들일 임계치를 벗어나게 되어 예민해지고 뾰족뾰족해진다.

이럴 때, 명상을 하면 머리와 마음이 비워진다. 어렵게 생각할 필요는 없다. 먼저 명상에 방해받지 않을 조용한 장소를 찾는다. 평소 자기가 좋아하는 장소면 더 좋다. 가만히 앉아서 편안한 자세를 취한다. 그리고 눈을 지그시 감는다. 들이쉬는 숨, 내쉬는 숨에 몸이 어떻게 변하는지를 느껴보며 나에게 몰입한다. 최대한 천천히 숨을 들이쉬면서 폐에 공기를 채운다고 생각한다. 그리고 스트레스를 몸 밖으로 내뿜는다는 생각으로 천천히 몸을 채웠던 숨을 내뿜는다. 호흡하는 동안 잡념이 생기면, 그 생각을 의식은 하되 꼬리 물지 않고 다시 호흡으로 의식을 가지고 온다. 자신의 마음을 다정하게 어루만진다는 생각으로 그냥 가만히 자신의 호흡을 느껴보자.

명상하는 시간 역시 각자가 편한 시간으로 정하면 된다. 아침에 막 일어났을 때는 정신과 뇌가 매우 고요하고 뭐든 잘 받아들이는 시간이라 몰입이 잘 된다. 잠자리에 들기 전에 명상을 수행하면 하루 동안 쌓인 잡념을 풀고 몸을 편안한 상태로 전환할 수 있어서 숙면과 스트레스 해소에 도움이 된다. 익숙하지 않다면 5분만 해도 좋다. 시간이 날 때마다 자신을 들여다보자고 마음먹고, 시간은 1초씩만 늘려간다고 생각하면 부담이 적다. 요즘은 명상으로 쉽게 이끌어주는 유튜브 채널이 많으므로 도움을 받아도 좋고, 좋아하는 캔들이나 디퓨저로 취향을 더해도 좋다.

이런 명상, 다시 말하면 마음 챙김 수행이 육아에 어떤 도움을 주는지 의문을 가질 수 있다. 하지만, 마음 챙김은 이미 종교적 의미를 벗어나 심리학적 구성 개념으로 생활 곳곳에서 적용되고 있다. 일상에서 마음 챙김 수행을 지속해서 할 경우, 행복감, 공감, 자비심이 증가할 뿐 아니라, 주의력, 기억력, 학습력까지도 향상된다고 한다. 마음 챙김은 부정적인 감정을 비운 상태로, 민감하면서도 일관되게 아이에게 상호작용할 수 있는 마음의 기반을 닦아준다. 아이의 행동이 우리를 자극하더라도, 향상된 감정 조절 능력으로 상황을 명확하게 볼 수 있는 것이다.

생활 속에서 마음을 챙기는 다른 방법은 감정 쓰기다. 글쓰기의 치유 효과를 연구한 심리학자 제임스 페니베이커James Pennebaker 교수는 실험 참가자들에게 삶에서 가장 고통스러웠던 경험을 쓰게 했다. 다만 글을 쓸 때, 누구에게도 드러내지 못했던 깊은 감정이나 생각에 초점을 두고 쓰라고 했다. 실험 결과, 놀랍게도 참가자들의 면역력이 향상되고 우울과 고통이 감소하며 낙관적인 태도를 보였다고 한다. 이는, 감정 쓰기의 치유 효과 때문이다. 감정을 글로 쓰면서 부정적인 감정을 배설하고 거기에서 해방된 것이다. 이처럼, 육아를 하면서 만나는 다양한 감정들을 토해내듯 글로 쓰면, 그 감정에서 벗어날 수 있다.

육아를 하면서 서운했던 사람, 고마웠던 사람(남편, 아이, 선생님 등)이나 일을 떠올리면서 어떤 감정이 들었는지 써보자. 스마트폰 앱에 그 감정을 기록해도 좋고, 손으로 직접 쓰든 컴퓨터에 타이핑하든 어떤 식이든 감정의 응어리를 풀어낼 수만 있다면 상관없다. 블로그나 SNS에 올려도 괜찮다. 공개적인 곳에 자신의 감정을 방출하면 "임금님 귀는 당나귀 귀"라고 외치고 나서 후련해지는 것처럼, 마음이 개운해진다. 또한, 생각보다 많은 위로와 공감을 받으며 나와 비슷한 감정을 느끼는 사람들이 많음을 알게 될 것이다.

쓰는 행동 자체만으로도 자신의 감정을 자신이 받아주는 효과가 있다. 다만, 후회되는 상황을 복기하면서 '내가 왜 그랬을까' 하며 자책하고 비난하는 감정은 쓰지 말자. 가능하면 자기가 했던 좋은 행동, 좋은 의도에 초점을 두고 감정을 써보자. 글은 생각보다 힘이 강해서 '위로'라는 단어를 쓰다 보면 누군가 토닥여주는 것 같고, '치유'라는 단어를 쓰면 나의 아픈 마음이 조금은 낫는 느낌이 든다. 그러니 글쓰기의 힘을 믿고, 쓰자.

감정을 쓰는 것에 익숙해지면, 상황, 느꼈던 감정의 종류, 감정의 정도로 구분해서 더 세밀하게 기록해보자. 감정이 불편할 때 이런 활동을 하면 생각 뇌가 감정 뇌를 토닥여주면서 흥분과 각성의 정도가 낮아진다고 한다. 쉽게 말하면, 감정에 진 이성이 다시 돌아오는 효과가 있는 것이다. 이렇게 감정을 종류별, 상황별로 정리해보면 감정을 객관적으로 바라보고 조절하는 힘을 키울 수 있다. 또한, 글에서 나의 육아 패턴과 방향을 찾아낼 수 있다. 엄마의 훈육 스타일, 아이의 기질, 엄마의 개입, 주도권 문제…. 글을 쓰다 보면 문제가 명확해지고 이유를 알게 되면 해결책이 보인다.

내가 하고 있는 이 책 쓰기 역시 어찌 보면 내 마음을 쓰다듬기 위한 과정일지 모른다. 감정의 롤러코스터 위에서 어지러웠던 나를 어루만지고, 아직도 부족한 면이 많은 나 자신에게 앞으로는 이런 방향으로 살아보자고 다짐하는 과정인지도 모른다.

명상도, 감정 쓰기도 일상에서 지속하기가 쉽지 않다면, 스스로를 '빈틈이 많은 엄마'라고 생각하고 마음을 내려놓는 연습을 하자. 큰일이 아니라면 본인 스스로를 '내가 원래 좀 허술해서 그렇지' 하며 호호 웃고 넘어가는 연습을 해보자. 아이를 양육할 때 필요한 단단한 마음은 오히려 이런 여유에서 온다. 또한, 부족하고 빈틈이 많은 나를 받아들이면, 나도 아이도 편안해진다.

아이를 키움에 있어서 '완벽'은 도움이 되지 않는다. 완벽하게 한다고 자신을 들볶으면 그게 스트레스가 되고, 그 여파는 결국 만만한 아이에게 가는 이 악순환을 이미 수차례 겪지 않았는가. 좀 부족한 엄마여도 된다. 밥 좀 제대로 안 챙겨줘도, 청소 좀 덜 해도 큰일 나지 않는다. 빈틈 있는 엄마가 되자고 수차례 다짐하자. 대신 그 빈틈으로 생긴 여유를 정서적인 에너지로 돌리자.

나를 들여다보고, 사랑하는 연습을 하자. 그 에너지는
결국 다른 가족들에게 전달될 것이다.

3장 엄마의 압생 특새 찾기

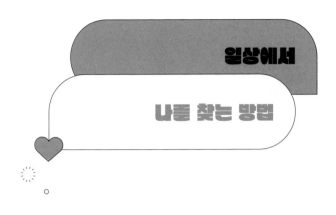

일상에서
나를 찾는 방법

사실, 일상 속에서 엄마로 행복하기 위한 방법은 별다른 것이 없다. 자신을 뒤로 미뤄두고 사느라 잠시 잊고 있었던 좋아하는 활동들로 틈새 시간을 채우면 된다. 거창할 것 없는 소소한 일상의 순간을 자신을 위해 붙들면 되는 것이다.

이 장에서는 물질을 통한 일시적인 욕구 충족보다는 내면의 변화를 일으킬 수 있는 활동에 초점을 맞추고자 한다. 내가 좋아하는 활동이 쇼핑하기, 텔레비전 보기, 스마트폰 보기, 술 마시기 등일 수도 있다. 그런 시간도 나쁘지 않다. 내가 좋아하는 일을 하는 것 자체가 나를 사랑하는 일이지만, 기왕이면 내 몸과 마음에 좋은 일을 하자. 몸에 좋은 음식은 자극적이지 않고 간도 약하다. 우리가 느끼는 행복도 마찬가지다. 앞으로 언급할 활동들은 첫입에 감탄할 만큼 맛있는 음식은 아니지만, 유기농 식품처럼 곱씹어 먹을수록 몸에 좋고 자꾸 생각나는 것들이다.

첫 번째, 신체적 차원의 욕구를 충족하는 활동을 해보자. 우리는 우리 몸과 너무 많은 거리를 두고 살고 있다. 운동은 건강한 신체를 만드는 데 도움이 될 뿐 아니라, 단단한 마음을 만드는 데도 효과가 있다. 대단한 운동이 아니어도 좋다. 흔히 숨쉬기 운동만 하고 살고 있다는 농담을 하는데, 앞 장에서 말한 대로 '호흡'만 제대로 하려고 노력해도 감정을 비우는 데 큰 효과가 있다. 시간이 된다면 걷기를 추천하고 싶다. 부정적인 생각에 시달릴 때, 잠시 집을 나와 집 둘레를 10분만 걸어도 그 잡념에서 벗어나는 데 도움이 된다. 걷기는 특별한 기구가 필요 없고, 언제 어디서나 할 수 있다는 점에서 자투리 시간을 활용해야 하는 엄마들에게 좋은 운동이다.

움직임이 많은 유산소 운동은 세로토닌 분비를 활성화하는데, 세로토닌은 마음을 진정시키고 짜증을 덜 나게 한다. 스쿼트, 두 발 점프 등 신체의 좌우를 함께 사용하는 운동 역시 정신 안정을 돕고 합리적인 사고에 도움이 된다고 한다. 수영, 요가, 필라테스, 발레, 가벼운 산책 등 자신에게 맞는 운동을 꾸준히 하면, 신체적 건강은 물론이고 정신적인 건강도 챙길 수 있다. "체력 곳간에서 인심 난다"는 신조어처럼, 체력을 잘 챙겨놓으면 짜증이 덜 나고 지구력이 생겨서 잘 다스린 감정을 오래 지속할 수 있다.

두 번째, 감정적 차원의 욕구를 충족하는 활동을 해보자. 미술, 음악, 무용 등 다양한 예술적인 매체를 활용해 자신의 내면과 대화하는 시간을 갖는 것이다. 언어적으로 자신의 마음을 표현하기 힘든 성향이라면, 이런 비언어적인 매체를 통해 자신의 감정을 쏟아내고 위안을 받을 수 있다. 디지털 드로잉, 유화, 펜화, 파스텔화 등 다양한 소재로 그림을 그려도 좋고, 좋아하는 악기 연주를 해도 좋다. 이런 예술 활동은 내면에 에너지를 불어넣어, 건강한 방식으로 감정을 해소하고 조절할 수 있게 한다.

세 번째, 지적인 차원의 욕구를 충족하는 활동이 도움이 될 수 있다. 우리는 방구석에서도 책이나 강연을 통해 배우고 성장할 수 있는 시대에 살고 있다. 무엇보다, 책은 엄마의 생활에 딱 들어맞는 매체다. 아이와 함께 있을 때 책을 읽어도 미안한 마음이 덜하며(책 읽는 엄마의 모습은 언제나 바람직하다), 언제든 할 수 있는 활동이며, 비용도 많이 들지 않는다. 엄마로서 자신의 모습을 부여잡고 싶다면 육아서를, 세상에 일어나는 일들이 궁금하다면 인문서를, 잠시 다른 나라에 발을 들여놓고 싶다면 여행서를 펼치면 된다. 저명한 학자, 유명 작가들의 사유가 모여 있는 것이 책이고, 그 책에서 필요한 사유만을 쏙쏙 뽑아 우리 것으로 만들면 되니 이 얼마나 효율적인 매체인가.

진득하게 책에 집중할 여유가 없다면, 그림책 읽기를 추천한다. 그림책은 때로 은유와 비유가 가득 함축된 문학작품이자, 그림으로 우리를 위로하는 한 편의 미술작품이 되기도 한다. 흔히 그림책을 아이들만을 위한 책이라고 생각하는데 사실은 어른, 특히 엄마에게 잘 어울리는 책이다. 다른 책은 아이가 방해해서 몰입이 쉽지 않은 데 반해, 그림책은 호흡이 짧아서 금세 읽을 수 있고 무엇보다 아이와 함께 읽을 수 있다. 한 권의 책을 놓고 아이와 엄마가 교감하는 시간은 그 자체로 행복하다. 아이를 곁에 앉히고 그림책을 읽다 보면 자연스레 스킨십이 되고, 기승전결에 따라 시시각각 변하는 볼 근육, 놀란 눈, 행복한 입꼬리 등 아이의 모습을 보고 있으면 저절로 웃음이 난다.

네 번째, 사회적인 차원에서의 욕구를 채우자. 사람들을 만나 관계를 맺고, 상호작용을 하자. 친분이 있는 옛 친구들을 만나도 좋고, 아이를 키우면서 친해진 엄마들을 만나도 좋다. 따로 시간을 내어 사람을 만나기 힘들다면 놀이터에서 잠시 교류를 해도 좋고, 아이를 데리고 모임에 나가도 괜찮다. 아이를 키워본 엄마라면 아이와 함께 나온 당신을 환대해줄 것이고 모임 내내 따스한 시선으로 아이를 지켜봐줄 것이다. 아니면, 아이를 데리고 육아 지원 센터나 공원, 키즈 카페로 잠깐 외출하는 것도 마음을 달래는 효과가 있다. 혼자 집에서 화내고 짜증 내며 자신을 할퀴는 것보다, 모르는 사람들 속에서 그 사람들의 시선을 이용하여 감정을 조절하고 스트레스 지수를 낮출 수 있다. 아이와 집에 있으면서 드는 온갖 부정적 감정과 혼자 싸우지 말고, 잠깐이라도 외출해서 새로운 공간이 주는 전환감과 그 공간 속에 있는 사람들의 시선의 힘을 빌리자.

외출이 부담스럽다면 온라인 모임을 활용해보자. 코로나19를 거치면서 온라인 모임에 참여하여 교류를 나누는 일이 어렵지 않아졌다. 같은 취미를 공통분모로 한 모임, 친분 있는 사람들과의 모임, 강의를 통한 모임 등 다양한 형태의 모임들이 있다. 나의 경우, 미라클모닝과 글쓰기, 독서 모임에 참여했는데, 새벽 기상과 책 읽기, 글쓰기 모두 혼자 하면 외롭고 금세 시들하기 쉽지만 다양한 사람들과 같이 하니 장기간 지속할 수 있었다. 모임에 가입해서 활동하다 보면 자연스럽게 다른 멤버들의 활동에 자극받고, 함께 으쌰으쌰 의욕을 다지게 된다. 그런 과정들을 지속하면 습관으로도 정착시킬 수 있다. '모르는 사람들과 하는 모임이 큰 의미가 있겠어?'라고 생각할 수도 있지만, 공통분모를 가진 사람들의 모임이라 생각보다 쉽게 친해지고 결속력이 강하다. 혼자 가면 빨리 가지만, 함께 가면 멀리 간다는 말도 있지 않은가. 자신의 존재가 사라져버린 것만 같고 어른과의 진지한 대화가 그리워서 우울한 마음은 사람으로 치유하자. 오프라인이든, 온라인이든 사람을 통해 마음을 나누고 달래며 힘을 받을 수 있다.

마지막으로, 물리적인 변화를 통해 나만의 시공간으로 전환하는 방법이다. 아이가 너무 어려 사실상 위의 방법들로 자신을 토닥일 수 없다면, 순간순간 자신만의 시공간을 만들고 잠시나마 그것을 즐기는 방법이다. 좋아하는 음악이나 라디오를 틀어서 집안 분위기를 환기하는 것, 향기로운 커피나 차 한잔으로 기분을 전환하는 것, 예쁜 꽃이나 디퓨저나 캔들 향으로 잠시 마음을 달래는 방법 등이 있다. 개인적으로는 드라이브가 효과 있었다. 아이를 카시트에 안전하게 앉히고, 동네라도 한 바퀴 돌다 오면 울적한 마음이 해소되었다. 아이는 좋아하는 노래를 틀어주거나, 위험하지 않은 간식을 쥐여주면 생각보다 조용히 기다려주었고, 그렇지 않으면 혼자 스르르 잠들곤 했다.

앞서 말했듯이, 이런 시간은 되도록 자주, 일상 속에서 꾸준히 가져야 효과가 있다. 엄마만의 시간을 가지는 것은 자신에게 처방하는 약이다. 자주 나타나는 분노, 화, 우울, 불안 등이 이 약이 필요한 사람들의 주요 증상이다. 나만 챙기는 이기적인 엄마라는 죄책감은 오히려 부작용을 낳는다. 장기간 해야 하는 엄마 노릇을 더

잘하기 위해, 아이를 더 잘 보듬기 위해 필수적인 약이
라 생각하고 꾸준히 자신만의 시간을 갖자.

아빠 육아로

일상 틈새를 만들자

자녀에게 미치는 아빠의 영향력이 강력하다는 것은 이제 상식이 되었다. 심리학자 헨리 빌러Henry Biller는 아버지와의 관계 경험은 자녀의 주도성과 자아상은 물론 자녀의 신체적 건강과 이미지, 정서적 안정에도 크게 영향을 미치며, 아빠가 육아에 적극적으로 참여한 가정의 아이는 독립성, 사회성, 활동성이 높게 나타난다고 했다. 하버드대학교 아동 발달 센터 역시 아빠 육아의 중요성을 보여주는 연구 결과를 발표했다. 우울한 엄마가 양육한 아이는 우울한 엄마의 뇌파와 흡사한 뇌파를 보이지만 우울하지 않은 아빠가 아이를 함께 돌보면 엄마와 흡사한 뇌파를 보이지 않는다고 한다.

이처럼 아빠가 육아에 참여하면 아이에게도 긍정적인 영향을 미치고, 엄마의 육아 부담을 덜어줄 수 있다. 하지만, 내 마음도 내가 어찌 못하는데 어떻게 남편을 육아에 가담하게 할 것인가? 일을 핑계로, 피곤하다는 이유로, 아이가 엄마를 더 좋아한다는 이유로 대부분의 남편은 육아에 발을 깊게 담그지 않는다.

그런데 남편이 육아를 잘할 수 없는 이유가 있다고 한다. 영국의 한 대학교에서 실시한 연구에 따르면, 여성이 잠에서 가장 먼저 깨어나는 소리는 아이의 울음소리이지만, 남성은 자동차 경적에 가장 민감했으며 아이의 울음소리는 10위권 밖이었다고 한다. 이는 아빠들이 원시 시대부터 외부의 상황에 민감하게 반응하며 가족을 외부의 위험으로부터 보호하는 임무를 수행하도록 진화해온 결과이며, 남성의 '뇌 구조' 자체가 여성과 다르기 때문이라는 것이다. 엄마들은 아이를 품어서 낳고 아이와 밀착해서 오랜 시간을 함께 보내기 때문에 아이가 원하는 요구사항을 섬세하게 알고 반응해줄 수 있지만, 아빠들은 그런 면에서는 훨씬 둔감할 수밖에 없게끔 애초에 설계되어 있다.

우리 세대 이전의 아버지상은 가족을 위해 경제활동에 전념하고 그 경제권으로 아버지의 권위가 보장되었다. 또한 대가족 제도, 골목 문화에서는 아버지가 부재하더라도 아이는 여러 사람과의 관계에서 성장할 수 있었다. 하지만, 시대가 달라져 핵가족이 보편화되고 '친구 같은 아빠'가 바람직한 아버지상으로 여겨지고 있다. 지금 우리의 남편들은 친구 같은 아빠가 되고 싶지만 본인이 보고 자란 아버지의 모습과 현재 시대가 추구하는 아버지상이 다르고, 보고 배울 수 있는 대상이 적기 때문에 혼란스러울 것이다. 이처럼 남편이 왜 육아를 잘 안 하는 건지(하지 못하는 건지) 이유를 알고 보면 해결책을 찾기가 수월하다.

그렇다면, 도대체 어떻게 남편을 육아의 장으로 끌어들일 수 있을까?

2013년 EBS 〈파더 쇼크〉 제작진은 수많은 부부와 아이를 만나며 흥미로운 사실 한 가지를 발견했다. 부부 관계가 부자, 부녀 관계보다 중요하다는 사실이다. 부부 관계가 좋은 남편은 좋은 아빠였다고 한다. 아이와 아빠의 관계 이전에, 남편과 아내의 관계를 먼저 들여다볼 필요가 있다. 대부분의 부부가 아이를 낳고 3년 동안 사이가 급격히 나빠진다고 한다. 아내는 아내대로 아이를 돌보고 잠을 설치고 집안일을 도맡아 하느라 힘들고, 남편은 나름대로 최선을 다해도 아내는 불평불만을 늘어놓으며 시선은 오직 아이에게 가 있으니 힘이 빠진다. 부부 중심의 삶에서 아이 중심의 삶이 되면서 자연스럽게 아내에게 남편은 뒤로 밀리게 되는 것이다.

나 역시 아이가 어릴 때, 남편이 집에 들어오면 그날 아이와 있었던 이야기를 나누면서 자연스럽게 육아의 힘든 점을 토로하곤 했다. 나는 그저 나의 이야기를 들어줄 사람이 필요했고, 그 사람이 사랑하는 남편이길 바라고 한 말인데, 이상하게 이야기를 하면 할수록 남편은 방어적인 태도를 보이곤 했다. 나는 육아를 하면서 느낀 외로움, 불안한 마음을 남편이 정서적으로 달래주기를 바랐지만, 남편은 어떤 도움이 필요한지 현실적인 이야기로 끌어갔다. 그렇게 힘들면 가사도우미의 도움을 받는 게 어떠냐, 아니면 아이를 빨리 어린이집에 보내자 등. 물론 문제를 해결하려는 그런 노력도 고마웠지만, 나는 그저 내 이야기에 공감해주고 마음을 함께 나누어주길 바랐다. 그런 어긋난 대화가 반복되자, 남편은 내가 불평불만을 지속한다고 생각했고, 나는 남편과는 말이 안 통한다고 생각하고 대화를 줄이기 시작했다. 다시 그 순간으로 돌아간다면 나는 되도록 부드럽고 낮은 톤으로 이야기를 꺼낼 것이다.

크고 격한 톤으로 이야기하면, 남자들은 본능적으로 자신을 방어하거나 동굴 속으로 들어가는 두 가지 방법 중 하나를 택한다. 따라서 당신을 공격하려는 것이 아니라는 것을 전제로, 최대한 부드럽게 남편에게 말을 건네자. 되도록 구체적으로 자신이 원하는 것을 파악하고 이야기하는 편이 좋다. "오늘은 아이 돌보느라 지치네. 내가 좋아하는 그 집 빵 좀 사다줄래?"라는 식으로 내 감정은 물론 해결책까지 이야기하면 대부분의 남자들은 오히려 편안함을 느낀다. 최대한 구체적으로 말할수록 좋다. 그렇게 부드러운 톤으로 매일 대화하려 노력하자. 아주대학교병원 정신건강의학과 조선미 교수는 표현하지도 않는데 '아, 그렇구나'라고 생각하는 '지레짐작'이 많을수록 그 관계는 건강할 수 없다고 단언한다. '내가 표현하지 않아도 저 사람이 알아줘야 한다'라는 생각이 강할수록 둘 사이에 진정한 친밀감이 형성되기 어려운 것이다.

또한, 남편이 육아에 서툰 부분을 아이 앞에서 들추고 남편을 탓하거나 무시하지 말자. 남편과 양육에 있어서 일치하지 않는 면이 있다면 아이가 없을 때 따로 이야기를 나누자. 육아의 방향이나 방법에 있어서 부부가 합의를 통해 한 방향으로 나아가야 아이가 혼란스럽지 않다. 만약, 아이 앞에서 남편에게 "그렇게 하면 안 되지"라는 말을 남발하면, 남편은 자존심이 상하고 아이는 아빠의 권위를 인정하지 않게 된다. 이런 일들이 반복되면 남편은 더욱 육아에 개입하지 않을 것이다.

남편이 아이를 볼 때는 남편의 방식을 믿고 따르자. 엄마의 섬세한 그늘에서만 자란 아이는, 모든 사람이 그런 그늘을 당연히 만들어주어야 한다고 생각한다. 남편의 투박하고 거친 양육 방식은 아이가 이런 생각을 버리고 세상에 나아가는 데 도움이 될 것이다. 엄마가 아이 앞에서 아빠의 자리를 조금씩 만들어주고, 남편에게 고마움을 부드럽게 전달하는 횟수가 많아질수록, 엄마도 편안해질 수 있다. 남편이 육아 자신감을 키울 수 있도록 엄마가 코치가 되어 옆에서 북돋우고 아이의 생활과 취향을 자연스럽게 전달해보자. 어느 순간, 남의 편이 내 편이 되는 순간이 온다.

이렇게 남편이 아빠의 자리에 앉는 것이 익숙해지면 육아의 수많은 일 중 일부를 남편에게 '온전한 책임'으로 맡겨보자. 가끔씩, 컨디션이 좋을 때, 마음이 동할 때만 어떤 일과를 돕는 것은 남편을 항상 '도우미'로만 남겨놓을 것이다. 남편은 그 일에 대해 아주 얕은 책임감만 가질 것이고, 아내 역시 예측 가능성이 낮은 상태로 오늘은 내가 그 일을 해야 할까, 남편이 도와줄까 항상 신경을 곤두세울 것이다. 그러니 남편을 어떤 일의 담당자로 과감하게 지정하자.

우리 집의 경우, 남편이 아이들 샤워를 도맡아 하고 있다. 아이들이 둘 다 아들이기도 하고, 샤워 시간과 설거지 시간이 겹치는 경우가 많아서 남편은 아이들을 씻기고 나는 설거지와 부엌 뒷정리를 하는 식으로 자연스럽게 역할 분담이 되었다. 남편이 너무 피곤할 때, 아이들이 씻기 싫어할 때는 3일까지 안 씻긴 적도 있다. 그러면 물론 답답하긴 하지만, 그냥 남편에게 맡긴다.

그리고 남편은 우리 집 공식 '괴물'이다. 엄마의 에너지 부족으로 정적인 활동을 주로 하는 아이들은 아빠가 퇴근하는 순간부터 몸 안에 있는 에너지를 깨운다. 그런 마음을 읽고 남편도 아들들의 괴물이 되어 이불 위에서

뒹굴고 침대에서 점프하며 노는 것이다.

아이들에게 아빠는 엄마가 해줄 수 없는 측면을 채워줄 수 있는 존재다. 엄마는 대개 아이와 정적으로 놀아주고, 몸을 쓰더라도 '안전'에 초점을 맞추어 놀다 보니 놀이의 경계가 확실한 데 반해, 아빠는 적극적인 신체 놀이를 통해 아이에게 모험심을 자극해주고 위험을 극복하는 법을 몸으로 느끼게 한다. 이런 과정에서 아이들은 자신의 힘을 마음껏 행사하는 동시에 '힘의 한계'를 느끼게 된다. 꼭 몸으로 하는 놀이가 아니더라도, 아이와 함께 좋아하는 스포츠 경기 관람이든 식물 키우기든 캠핑이든 아빠와 아이가 공유하는 콘텐츠를 만들면 둘 사이에 대화가 이어지고 사이가 원만해진다.

남편은 사랑하는 아이를 함께 양육하는 파트너이자, 일생을 함께 걸어갈 배우자이자, 엄마의 틈새를 열어줄 수 있는 기술자다. 사랑과 칭찬을 버무려 아빠의 자리를 단단하게 만들어주자. 진정한 틈새 시간을 가지기 위해서는 누구보다 남편의 배려가 필요하다. 남편을 든든한 육아 지원군으로 만들면 틈새 육아를 실현할 수 있고, 이는 가족 전체의 행복과도 맞닿아 있다.

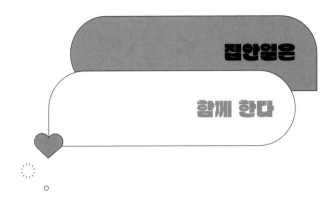

집안일은

함께 한다

첫째를 키울 때 동네에서 오며 가며 만난 외국인 엄마가 있었다. 그 엄마는 한국인 남자와 결혼하여 터울이 채 2살도 나지 않는 아이 둘을 키우고 있었다. 파란 눈에 하얀 피부, 늘씬하고 이국적인 외모에 아이 둘을 열심히 키우는 그 엄마의 모습이 참 예뻐 보였다. 자연히 아이들과 몇 번 놀게 되었고, 어느 날 키즈 카페에 함께 갔다.

블록을 마구 늘어놓고 놀던 아이들이 다른 곳으로 이동을 하려는 차에, 그 엄마가 아이들을 멈추어 세우고 정리를 하라고 했다. 놀 생각에 가득한 아이들이 블록 정리를 거부했지만, 그 엄마는 단호하면서 부드럽게 아이들을 설득했다. "5개만 정리하자, 5개가 힘들면 3개만이라도." 아이들은 처음에는 망설이다가 제안을 받아들여 몇 개의 블록을 후다닥 정리함에 넣기 시작했고, 그 엄마는 아이들과 함께 남은 블록을 정리했다. 나는 그 엄마가 참 현명하다고 생각했다. 아이에게 부담되지 않는 양만큼이라도 정리하게 하면서 엄마는 화를 내지 않는, 엄마와 아이 서로가 마음이 편해지는 방식으로 해결책을 찾았으니 말이다.

대개 엄마들은 "그냥 내가 하고 말지"하며 쌓이는 집안일들을 떠안곤 한다. 아이들과 정리로 실랑이를 벌이기 싫고, 다른 가족들에게 몇 번 집안일을 맡겨보니 결국 다시 손을 대야 하는 상황이 벌어져, 애초에 본인이 해야 속도 편하고 시간도 절약된다는 결론을 얻게 되는 것이다. 심지어 워킹맘들도 집에 돌아오면 청소, 빨래, 설거지 등에 시달리곤 한다. 하지만 집안일을 혼자 다 감당하려고 하면 탈이 나게 마련이다. 대개의 집안일은 끝없는 반복이고, 해도 티가 나지 않으며, 보상이 없는 일이라, 열성을 다하다 보면 어느 순간 무력해지기 쉽다.

우선 집안일의 총량을 줄여야 한다. 가전제품(로봇 청소기, 식기세척기, 건조기 등)의 도움을 최대한 받고, 아이가 어려서 요리하기 힘들 때는 반찬은 간단하게 구입해서 먹자. 반찬이 많이 필요하지 않은 일품 요리를 위주로 먹는 것도 큰 도움이 된다.

그런 다음, 집안일을 혼자 감당해야 하는 일이 아닌, '공동 과제'로 설정하고 아이들과 함께 하자. 생각보다 아이들은 집안일을 일이 아닌 '놀이'로 받아들이는 경향이 있다. 3살만 되어도, 꽤 많은 일을 할 수 있다. 빨래를 예로 들면, 자기 옷을 빨래통에 넣기, 세탁물을 어두운색과 밝은색으로 분류하기, 세탁기의 세탁 버튼 누르기, 빨래 개기, 개어진 빨래 서랍장에 넣기 등을 함께 할 수 있다. 이 과정이 어른에게는 반복적이고 지루하게 느껴지지만, 아이는 놀이로 생각하고 재미를 느낀다. 장난감 정리하기, 침대 정리하기, 쓰레기 분리수거하기, 자신이 흘린 음식이나 음료는 걸레로 직접 닦기, 반려동물 돌보기, 음식 재료 다듬기, 상 차리기, 장보기 돕기 등 아이들과 같이 할 수 있는 집안일의 종류는 생각보다 다양하다.

엄마는 아이가 이런 일들을 혼자 할 수 있게 환경을

만들어주면 된다. 아이가 혼자 장난감을 정리할 수 있게 어린이집처럼 장난감 위치를 정하고 각 서랍장에 물건의 사진을 붙여놓는다. 또한, 아이가 스스로 빨래를 정리할 수 있게 옷 서랍에 상의, 하의, 양말, 속옷 등 이름을 적어놓고 아이가 흘린 음식을 직접 치울 수 있게 걸레나 쓰레받기는 아이 손이 닿는 곳에 보관하자.

아이가 집안일을 완벽하게 하지 못하는 것은 당연하다. 좀 엉망으로 옷을 넣으면 어떤가. 쏟은 물을 제대로 닦지 못하면 어떤가. 아이가 엄마의 일을 덜어주었다는 것에 초점을 두자. 되도록 귀여운 고사리손으로 꼬물꼬물 엄마를 위해 도와주는 과정에 눈길을 주고, 고맙다는 표현을 자주 해주자. 그런 과정이 반복되면 아이는 누군가를 돕는 기쁨을 아는 사람으로 성장할 수 있다. 다만, 이런 내면의 행복을 외적인 보상으로 대체하지 말자. 정리를 도와주었다는 이유로 장난감을 사주거나 용돈을 주는 행위는 행복의 이유를 물질적인 것으로 바꿔버리는 계기가 된다. 만약 보상이 없어지면 행복을 느끼지 못하고 더 누군가를 도와주지 않게 되는 것이다. 따라서 아이가 집안일을 도와줄 때, 따로 물질적인 보상에 길들여지게 하지 말고 행복감을 느끼게 하자.

아이가 집안일을 꾸준히 돕다 보면, 자연스럽게 소근육이 발달되고 자신이 사랑하는 엄마를 도왔다는 뿌듯함과 나도 할 수 있다는 자신감을 얻는다. 또한, 아이는 집안일을 통해 구체물을 만지며 수 감각을 배운다. 빨래를 할 때 세제는 얼마나 넣어야 하는지, 정리할 때 큰 물건 먼저, 작은 물건은 나중에 정리함으로써 물체의 크기를 배우고, 빨래를 색깔별, 종류별로 분류하는 과정을 통해 분류의 개념을 익힌다. 요즘 아이들이 배우는 사고력 수학의 내용이 다 들어 있는 것이다. 실제로 초등학교 저학년 수학 교과서, 유아 사고력 수학 교재를 살펴보면 색깔별, 종류별로 분류하기, 크기 알기, 수 세기 등이 자주 나온다. 지면보다 생활에서 익히는 것이 이해도 쉽게 되고, 재미있다.

전 국민의 육아 멘토인 오은영 박사는 "육아의 궁극적 목적은 아이가 독립할 수 있는 힘을 길러주는 것"이라고 말했다. 언젠가 아이는 성인이 되고, 혼자만의 공간에서 혼자의 힘으로 집안일과 사회생활을 병행해야 할 것이다. 아이가 자라는 과정에서 자연스럽게 집안일을 숙련하는 것은 그때를 미리 준비하는 것이기도 하니, 아이를 부려먹는다고 부정적으로 생각할 필요가 없다.

이처럼, 집안일을 함께 하면 엄마는 집안일의 부담을 조금이라도 덜고, 아이는 아이대로 가정 내에서 성장할 수 있다.

하지만 언제나 이론은 이론일 뿐, 현실에 적용하는 것은 쉽지 않다. 우리 집만 해도, 10살인 큰아들의 방은 항상 엉망진창이다. 함께 정리해도 그때뿐이고 온갖 잡동사니가 굴러다닐 때가 대부분이다. 몇 번을 잔소리하고 같이 정리하고 스티커로 자리를 지정해주어도 아이의 방은 순식간에 다시 예전 상태로 돌아갔다. 요즘 나는 그 방에 들어가는 일을 줄였다. 실제로 아이가 크면서 아이 방은 아이의 영역이라는 인식이 생기기도 했고 그 방에 들어갈 때마다 스트레스 받고 잔소리하는 나 자신이 싫기 때문이다. 대신, 아이 방 이외에 다른 공용 공간에 대해서는 더 철저히 정리하게 관리한다. 그리고 아이 방은 주말 대청소 날에 몰아서 함께 정리하되, 청소기 돌리기와 걸레질은 스스로 하게끔 한다. 평일에 아이의 공간에 대해서는 자율성을 주는 대신 주말에 공용 공간에 대해서는 확실하게 정리를 하게끔 유도하고 있다.

마지막으로, 아이가 등원하고 난 후에는 집안일을 너무 열심히 하지 말자. 아예 하지 말라는 이야기가 아니다. 아이가 등원했을 때는 아이와 같이 하기 힘든 집안일(설거지, 요리 등)을 주로 하고 아이가 할 수 있는 몫은 꼭 남겨두자. 아이가 하원했을 때 매번 집이 완벽하게 깨끗한 상태일 필요도 없고, 그렇게 해서 좋을 것도 없다. 아이는 고마움을 느낄 새도 없이 언제나 깨끗한 집의 상태가 당연하고, 뒷정리는 엄마가 하는 것이 당연하다고 생각할 것이다. 앞서 언급했던 함께 할 수 있는 집안일들은 남겨두고, 아이가 돌아오면 함께 하자. 그래야 엄마는 집안일 하는 사람이라는 편견에서 보호받을 수 있고, 아이들은 집안일을 도우며 엄마를 이해하고 자립심도 키울 수 있다. 아이가 등원하고 나서 나를 기다리는 건 집안일이 아니라, 온전히 나를 위한 시간이어야 한다.

엄마의 관계 설정은
예전과 달라야 한다

엄마가 된다는 것은 이전과 다른 관계를 맺는다는 뜻이기도 하다. 아이를 낳기 전에는 내가 좋아하는 지인이나 일을 할 때 만나는 사람, 크게 두 부류로 관계를 맺고 이어가지만, 아이를 낳고 나면 비즈니스도 아니고 사적인 만남도 아닌 영역의 관계가 생긴다. 그리고 그 관계 사이에는 항상 아이라는 매개체가 있다.

워킹맘의 경우, 아이를 돌보는 주 양육자와의 관계가 가장 중요하면서도 어렵다. 아이를 돌봐주는 조부모 혹은 시터 사이에서 엄마라는 역할을 수행하다 보면 육아에 어디까지 개입할 수 있는지, 어디까지 허용할 수 있는지 그 선을 정하는 것이 문제가 되곤 한다.

요즘 엄마들은 아이의 의식주부터 교육까지 새로운 육아 정보는 많이 알지만, 경험은 부족하다. 한편, 아이를 주로 돌봐주는 조부모나 시터는 새로운 정보에는 취약하지만 육아 노하우가 충분히 쌓여 있고, 그에 따른 자신감이 바탕이 되어 있다. 이런 상황에서 엄마는 아이에게 유기농으로, 다양한 음식 재료로(퀴노아, 아보카도, 각종 허브류 등) 음식을 해 먹이고 싶지만 주 양육자는 원래 하던 방식으로 음식을 해 먹여야 한다고 하거나, 엄마는 아이를 따로 재워서 수면 교육도 하고 편히 자고 싶지만 주 양육자는 아이가 클 때까지 함께 자야 충분한 애착 관계가 형성된다고 하는, 의견 차이가 생긴다.

이런 갈등이 반복되면, 아이를 돌봐주는 분들은 그분들대로 힘이 빠지고, 엄마는 엄마대로 속이 상하게 되어 관계를 지속하기가 힘들다. 그리고 무엇보다 그 사이에 아이라는 존재가 있다. 아이는 어느 편에 서야 할지 혼란스러워한다. 이런 경우, 주 양육자가 아이와 애착 관계가 견고하게 형성되어 있다면 엄마가 기준을 낮추어 주 양육자와 맞추는 것이 모두의 평화를 위해 가장 바람직하다. 유기농으로 해 먹이지 않아도 섭취한 영양소에는 큰 차이가 없고, 수면 교육이 없어도 아이가 잠을 푹 자는 시기는 몇 개월 이내에 온다고 생각하고 기다리는 편이 좋다. 아이가 유치원에만 들어가도 교육 관련 부분은 전문가들의 도움을 받아서 채울 수 있으니 그 부분도 조금만 기다리자. 갈등이 심해지면 주 양육자를 교체해야 하는 일이 생기는데 이는 호미로 막을 일을 가래로 막게 된다. 아이가 어릴수록 아이의 정서적인 안정과 신체적인 안전에 우선순위를 두는 것이 좋다. 워킹맘의 오복五福 중 하나가 '시터복'이라는 말이 있을 정도로 인성 좋고 성실하며 믿을 수 있는 시터를 구하는 일은 쉽지 않다.

만약 조부모가 아이를 돌봐준다면, 비용이나 시간 문제에 있어 서운한 점이 생기지 않도록 조건을 확실하게 정하고, 가급적 그 경계를 지키도록 하자. '손주 봐주는 것이니 내가 좀 늦어도 상관없겠지, 좀 덜 드려도 괜찮겠지' 하는 일들이 반복되면 서운함이 쌓이고 이는 관계 악화로 이어진다. 아이와 대부분의 시간을 함께 보내는 분들과 관계가 좋아야, 엄마도 매일 편안한 마음으로 출근할 수 있다.

아이를 키우며 맺게 되는 또 하나의 관계는 다른 엄마들과의 관계다. 아이의 생활 반경인 놀이터에서, 유치원에서, 학교 앞에서 다양한 엄마들과 마주치고 관계를 맺게 된다. 원래 알던 지인들은 대개 비슷한 환경에서 자라 비슷한 그룹(학교 혹은 회사)에 속해 있던 데 반해, 아이 친구 엄마들은 나이, 직업, 가치관 등이 너무나 다양하다. 아이로 인해 알게 된 인연인 만큼 아이들끼리 친해져서 엄마들이 뭉치는 것도, 아이들 사이에 갈등이 생겨서 엄마들끼리 소원해지는 것도 너무 쉽다. 그 사이에서 나는 어떤 엄마랑 더 잘 맞는데 아이는 그 아이와 친하지 않은 경우, 혹은 그 반대의 경우 등 관계의 주체끼리 다른 생각들이 오고 가기 때문에 관계가 오래가기가 생각보다 어렵다.

물론, 아이들이 만나도 문제없이 잘 놀고 엄마들끼리도 끈적한 관계가 이어지는 경우도 많다. 이런 경우는 굉장한 행운이 따른 것이고, 구성원들끼리 서로 배려하려는 노력이 있기에 가능한 것이다. 사실, 아이가 10살 정도 되면 아이들끼리 친구를 선택해서 사귀기에, 그때는 엄마들의 역할은 축소될 수밖에 없다. 그러니 엄마들과의 관계에 너무 일희일비하지 말고 적당한 거리를 유지하자. 가족들끼리도 오래 부대끼면, 갈등이 생기고 힘겨운 것이 당연하다. 살아온 환경이 전혀 다른 엄마들의 모임은 더욱 그러하다. 아이 기관을 통해 만난 인연은 겸손하고, 예의 바른 태도를 갖추고 대하다가, 시간을 가지고 관계를 이어나가며 마음이 맞는다는 생각이 들면 조금씩 거리를 좁혀보자. 뒷말하기 좋아하는 엄마, 자기 아이만 생각하는 엄마, 좋은 정보는 나만 가지고 있으려는 엄마 등은 결국 모두가 알게 된다. 내가 좋은 사람이 되면, 저절로 좋은 분위기가 풍기고 그러면 좋은 사람이 다가온다.

또한, 목적성을 두고 관계를 맺지 말고, 물 흐르는 대로 놔두자. '저 엄마는 정보가 많으니까 정보를 얻어야겠다, 저 엄마가 마음에 드니까 친해져야겠다, 내가 한번 모임을 주도해봐야겠다'는 목적을 두고 사람을 만나면, 그 상대도 대번 목적을 간파한다. 그리고 그 목적이 이루어지지 않으면 자신의 마음이 다치게 된다. 학부모 사이의 관계에 집착하지 말자. 우리는 또래 집단이 삶의 우선순위인 사춘기 소녀들이 아니지 않은가. 더군다나 이 관계에는 아이가 중간에 있기에 나의 운신의 폭이 더 좁을 수밖에 없다.

마지막으로, 아이의 친구 관계에 대해 짚고 넘어가고 싶다. 함께 있어도 따로 노는 유아기를 지나 본격적으로 아이에게 '친구'라고 할 수 있는 존재가 생기는 시기가 되면 엄마는 아이의 친구 관계도 자연스럽게 신경이 쓰인다. 매일 같이 놀고, 집에 와서도 자주 이야기하는 아이의 친구는 어떤 성격인지, 부모는 어떤 분일지 궁금하기도 하고, 아이와 기관 밖에서 만나서 즐거운 시간을 보내게 해주고 싶기도 하다.

　특히 여자아이들은 소위 '베스트프렌드'라고 부르는 베프 그룹이 일찌감치 형성되고, 친구 관계에 정서적으로 영향을 많이 받는다. 어떤 그룹에 끼지 못해서 속상해하기도 하고, 베프였던 친구가 다른 친구의 베프가 되면서 소외되기도 한다. 남자아이들은 상대적으로 친구 관계가 공고하지 못하고 자주 변하며, 특정 친구와 관계가 소홀해지면 금세 다른 친구를 찾아 노는 경향이 있다. 하지만, 남자아이들은 친구와 놀다가 자신의 요구가 충족되지 않으면 공격적으로 의사를 표현하는 경우가 종종 생기기도 한다. 이런 아이들의 특성을 감안하여 아이 친구 관계에 대해 알고는 있어야 한다.

　성인이 되어서 보면 유치원, 초등학교 때 친구들이

얼마나 남아 있는가. 주로 생각이 여물고 만난 고등학교, 대학교, 회사 친구들로 지금의 친구 관계가 꾸려져 있을 것이다. 아이들 역시 마찬가지다. 지금은 이런 친구도 있고, 저런 친구도 있다는 것을 탐색하는 시기로, 지금 사귀는 친구들 관계가 오랜 기간 정착되지 않는다. 실제로, 지금 10살인 큰 아들은 6살에 유치원에서 매일 붙어 다니는 여자아이가 있었다. 너무 그 아이와 놀아서 엄마인 내가 걱정할 정도였고, 7살 반 배정 전에 선생님이 그 아이와 같은 반을 원하면 옮겨주겠다고 배려해줄 정도였다. 그런데 웬걸. 9살에 우연히 병원에서 그 아이를 만났는데 둘 다 서로를 기억하지 못하는 것이 아닌가. 아이들의 친구 관계란 이렇게 하루가 다르고, 한 달이 다르다.

그러므로 아이가 어떤 친구를 사귀는지, 친구들 사이에서 어떤 식으로 행동해야 할지는 본인의 역할로 남겨두자. 어차피 엄마가 만들어준 친구 관계는 오래가지 못한다. 다만, 아이가 친구로 인해 신체적인 혹은 정신적인 피해를 보거나, 가하는 경우에는 개입이 필요하다. 아이가 피해를 본 경우에는 평소 아이의 말이나 행동을 면밀하게 관찰하고, 아이에게 거절하거나, 단호하게 싫다는 의사 표현을 하는 방법을 알려줘야 한다. 반대로, 내 아이가 다른 아이를 괴롭히는 상황일 때는, 아이가 왜 그런 행동을 하는지, 어떤 욕구가 채워지지 않은 것인지 세심히 살펴보고 대화를 통해 문제를 풀려고 노력하며 기관에도 도움을 요청해야 한다. 이때는 부모를 비롯한 어른들이 개입해야 한다.

이런 여러 관계로 인해 엄마들은 때로는 혼란스럽고, 때로는 실망하기도 한다. 아이가 매개로 있는 관계에서 엄마는 항상 '을'이다. 하고 싶은 말을 꾹꾹 삼키고, 하기 싫은 것도 아이 때문에 억지로 하는 경우가 생긴다. 하지만 엄마가 만나는 어른들은 대개 그들도 부모이기 때문에, 누구보다 서로의 마음을 잘 안다. 그러므로 너무 경계하지 말고 조금씩 마음의 틈을 열어보자. 궁금한 점이 생기면 선배 엄마들에게 다가가 정중하게 묻고, 아이를 돌봐주는 시터에게 따뜻한 커피 한잔 드리며 마음을 터놓으면 그 누구보다도 든든한 육아 지원군이 되어줄 것이다. 그러면 아이 또한 엄마가 맺은 다양한 관계 안에서 크게 자라날 수 있다. 아이를 우주처럼 광활한 마음으로 품되, 우주만큼 넓은 관계 안에서 아이가 뛰어놀 수 있게 하자.

4장

아이의 감정 톡써 재우기

아이의 감정에
왜 주목해야 할까

정서 지능은 다른 사람의 감정에 공감하고 자신의 감정도 잘 인식하고 표현하는 능력을 말한다. 1990년 미국 예일대학교 심리학과 피터 샐로비Peter Salovey 교수와 뉴햄프셔대학교 심리학과 존 메이어John Mayer 교수가 발표한 개념으로, 정서 지능이 낮은 아이는 부정적인 감정에 휘둘리기 쉬운 반면, 정서 지능이 높은 아이는 부정적인 감정을 조절하고 잘 대처할 수 있다고 한다.

정서 지능이 낮은 아이의 이야기가 낯익지 않은가. 앞서 살펴본, 갈라진 감정 틈으로 힘겨워하는 엄마의 모습과 맥락을 같이한다. 아이 역시 엄마처럼 감정을 인식하고 조절하는 법을 몰라서 부정적인 감정에 휘둘리거나 바람직하지 않은 방법으로 감정을 표현할 때가 많다. 특히 가정에서 부모의 서툰 감정 인식, 표현을 보고 자란 아이는 부모의 감정을 대물림을 받아 부모처럼 감정을 처리하게 된다. 아빠가 화를 다루지 못해서 '버럭' 소리 지르면 아이도 화라는 감정을 만났을 때 같은 방식으로 감정을 다루고, 엄마가 쉽게 짜증을 내고 불안해하면 아이도 그 감정들을 자주 내면에 불러일으키게 되는 것이다. 심지어 생후 3~6개월 된 아이도 엄마의 표정에 반응한다. 하버드대학교 에드워드 트로닉Edward Tronick 박사의 '굳은 표정still face' 실험에 의하면 엄마가 아이의 어떤 행동에도 반응하지 않고 굳은 표정으로 있자, 아이가 고개를 돌리고 흐느껴 울면서 고통스러워했다고 한다. 아이와 엄마는 감정적으로 매우 긴밀하게 연결되어 있음을 확인할 수 있는 대목이다.

감정에 대한 교육은 부모 세대의 어린 시절과 크게 달라지지 않아서, 아직도 '교육'이라고 하면 인지적 발달에만 초점을 맞추어 이루어지고 있는 것이 현실이다. 우리처럼 아이들도 때론 기쁘고, 행복하고, 즐겁고, 설레지만, 때론 화나고, 짜증나고, 우울하다. 부정적인 감정은 삶의 일부로 떼려야 뗄 수 없는 감정이며, 감정을 잘못 처리하는 것이 문제이지 그 감정 자체는 가치판단을할 수 있는 성질이 아니다. 하지만, 어른들은 감정을 좋은 것과 나쁜 것 이렇게 이분법적으로 나누고 부정적인 감정은 나쁜 것이니 참거나 숨기라고 한다. 아이의 억눌린 화나 짜증은 순간 사라진 듯 보이지만, 아이의 인정되지 않은 감정의 대부분은 마음에 불씨로 남아 있다. 부정적인 감정들이 쌓이고 쌓여서 그 불씨를 건드리면어느 순간 활활 타오르는 감정 불이 되어버리는 것이다.

그러므로 부모는 아이가 스스로 감정을 받아들일 수있도록 도움을 주어야 한다. 그것은 부모가 아이의 감정을 인정하고 읽어주는 것에서 시작된다. 우리 역시, 그 감정의 소용돌이에서 힘겨워하지 않았는가. 그 힘겨움을 알기에 아이를 그곳에서 꺼내주어야 한다. 감정을조절할 수 있다면 그렇게 괴롭지 않다는 것을 누군가가르쳐주어야 한다. 그리고 그 누군가는 아이의 부모가되어야 한다.

결국, 엄마가 아이의 마음을 헤아려주고, 감싸주려는 노력이 필요하다. 이는 역설적으로 엄마가 행복해지기 위해서이기도 하다. 나는 결이 다른 두 아이를 키우며, '감정'의 중요성을 알게 되었다. 첫째는 기본적으로 크게 웃고, 우는 일이 없는 덤덤한 기질의 아이다. 물론 잠, 낯선 환경 등에는 민감하지만, 적어도 애착에 있어서는 사랑을 굳이 표현하지 않아도 당연히 그런 줄로 아는 성향이다. 딱 나처럼 감정보다는 이성과 논리가 앞서는 기질의 아이가 첫째다.

그런데 둘째는 끊임없이 자신의 감정을 알아주길 원하고 사랑을 확인하길 바라는 기질의 아이다. 그러니 이성적인 엄마와 감정에 민감한 아이는 늘 부딪친다. 아이는 왜 마음을 몰라주냐고, 엄마인 나는 어디까지 알아줘야 되냐고 부딪치는 상황이 반복되었다. 자다가 새벽에 몇 번을 깨서 토닥임을 원하는 아이에게 지쳐, 나는 "그만해, 그만 울라고 했지!" 하며 아이의 감정을 억누르기 급급했고, 둘째는 이런 일상의 작은 갈등 상황에서 자신의 의사를 항상 '떼' 부리기로 표현했다. 아이의 떼는 엄마의 사랑과 관심이 필요하다는 신호였겠지만, 그때의 나는 자신의 감정을 다독이기에도 힘겨운 시기를 보내고 있었다. 화가 난 30대 여자는 맥주를 마시거나 드라마를 보거나 하는 식으로 자신의 감정을 달랠 수 있지만 두 돌 아이는 할 수 있는 일이 오직 엄마에게 자신을 보아달라고 떼쓰고 징징대는 일밖에 없었던 것이다. 하지만 그때는 이런 생각을 전혀 하지 못하고, 힘겨워하는 나의 감정에만 몰두하면서 자기 연민에 빠져 있었다.

마침 그 무렵 둘째가 어린이집에 등원하게 되었다. 나는 나만의 시간을 가질 수 있다는 생각, 그 시간을 통해 나를 추스를 수 있다는 생각에 신이 났는데 아이는 당연히 엄마가 아닌 낯선 선생님과 아이들 사이에서 지내는 시간을 힘겨워했다. 처음 몇 개월만 지나면 적응하겠지 했던 생각들은 빗나가고 매일 울음을 터뜨리고, 심지어 하원해서도 평소보다 더 떼를 쓰고 불안해하는 모습에 5개월 만에 어린이집을 퇴소했다. 그렇게 세 돌까지 아이를 데리고 있으면서 내가 할 수 있는 일은 기다리는 것뿐이었다. 아이는 좋아하는 엄마의 소매 끝단을 만지작만지작하며 엄마 옆에서 시간을 보낼 수 있었고 점차 안정되어갔다. 그렇게 애착이 안정되자, 아빠와 단둘이 외출도 하고 엄마 없이도 할머니 집에서 오랜 시간 지내고 키즈 카페 같은 곳에서 모르는 선생님과도 상호작용을 할 수 있는 상태가 되었다.

결국, 아이는 '엄마가 나를 사랑하는구나'라는 사실

로 마음을 충분히 채운 뒤에야 엄마를 놓아준다. 아무리 엄마가 '내 시간 좀 가지자'라는 마음으로 아이를 밀어내도, 아이의 마음이 덜 채워지면 아이는 엄마의 바지 자락을 계속 붙들고 있다. 아이마다 그 마음 그릇의 크기가 다른데, 우리 둘째는 상대적으로 그 그릇이 깊고 커서 안정 애착기에 들어서기까지 엄마의 사랑이 많이 필요했다. 아이의 마음을 채워주어야 결국 엄마가 행복할 수 있다. 그래야 아이가 엄마 아닌 다른 이(아빠, 친척, 선생님 등)와도 시간을 보낼 수 있고, 비로소 엄마도 숨 쉴 틈이 생기는 것이다.

이렇듯 아이의 해소되지 못한 감정은 내면의 소용돌이를 일으키는 데서 끝나지 않고 일상이 평화롭게 지속되지 못하게 하고, 안정적인 관계를 맺지 못하게 함으로써 가족 전반의 생활에도 큰 영향을 미친다. 결국 부모가 아이의 감정 신호를 주목하고 즉각적으로 해석하여 반응해주는 민감성은 아이의 애착과 연결된다. 발달 심리학자 존 볼비John Bowlby는 애착을 안전기지Secure Base, 즉 아이를 정서적으로 보호하는 틀이라고 한다. 아이와의 애착이 안정적으로 형성되어야 그제야 아이가 세상에 나아가 위험과 어려움을 겪으며 스스로 나아가려는 의지가 생긴다.

감정을 조절하는 데 서툰 아이에게는 아이만의 방법으로 감정을 표출할 수 있는 시간과 공간을 주는 것이 좋다. 아이는 자신의 마음이 정확히 어떤 감정인지 몰라도, 그림을 그리거나, 무언가를 만들거나, 몸을 움직이는 등의 방식으로 감정을 해소한다. 그럴 때는 '아이가 감정을 배출하고 있구나'라고 생각하고 지켜보자. 다른 일정으로 아이를 닦달하거나, 또 그렇게 노는 중이냐고 잔소리하지 말고 아이가 감정을 쓰다듬는 과정이라고 생각하고 지켜보자.

아이는 어린 시절에 배운 감정 조절, 대처 능력으로 평생을 살아간다. 또한, 부모가 아이의 감정에 민감하고 일관되게 반응해줄 때 안정적인 애착을 형성하고 비로소 자신만의 세상으로 나아갈 수 있게 된다. 부모가 겪은 감정의 롤러코스터에 아이를 다시 태우지 않겠다는 마음으로, 아이의 마음을 들여다보자.

아이의 감정을

들여다보자

첫째는 9살이 되면서부터 부쩍 감정 기복이 심해졌다. 놀이터에서 친구들과 깔깔대며 놀다가도 집에 들어오면 언제 그랬냐는 듯 별것 아닌 일에 화를 내고 짜증을 부린다. 벌써 저러면 사춘기에는 어쩌나 하는 생각이 스친다. 그럴 때마다 뇌의 구조와 발달에 대한 이론을 떠올리며 마음을 삭이려고 애쓴다.

뇌과학자 폴 맥린Paul MacLean 박사의 연구에 따르면, 뇌는 생명을 유지하는 데 필요한 뇌간, 감정을 담당하는 변연계, 감정과 충동을 이성으로 조절하는 전두엽으로 이루어져 있다. 이 중 '이성의 뇌'라고도 일컬어지는 전두엽은 사춘기 동안 대대적인 리모델링을 거쳐 남자는 평균 30세, 여자는 평균 24~25세 무렵 완전히 성숙한다고 한다. 청소년기의 뇌는 그야말로 리모델링으로 엉망이 된 상태로, 아이의 뇌도 아니고, 성인의 뇌와도 다른 상태인 것이다. 그런 이유로, 사춘기 전후의 아이는 우울했다가 기뻐하고, 슬퍼했다가 금세 웃음이 터지곤 한다. 이런 상태가 '아이의 문제가 아니라, 뇌가 발달하는 중이라서 그렇구나'라고 받아들이면 엄마도 마음이 한결 편안해진다. 그리고 엄마가 이렇게 아이의 오락가락하는 감정을 알아주는 것만으로도, 아이의 마음은 안정이 된다. 엄마가 아이의 마음을 읽고 이해해주면 아이는 지지받는 느낌이 들기 때문이다. 이렇듯 아이의 감정을 다루는 첫 번째 단계는 감정을 인식하는 것이다.

동시에, 행동 뒤에 숨겨진 욕구나 감정을 읽으려는 노력이 필요하다. 감정은 그 자체로는 문제가 되지 않는다. 감정이 만든 행동이 항상 문제가 된다. 그러므로 감정이 만든 행동 뒤에 어떤 욕구가 있는지를 이해하려고 노력해야 한다. 우리가 커피를 마시고 싶을 때, 그 이면에는 잠이 부족하다는 욕구가 숨겨져 있을 때가 있다.

아이도 마찬가지다. 아이가 하원한 후 유난히 짜증을 낼 때, 아이는 유치원에서 옷 정리가 잘 안 되어서 힘들었으며, 그날따라 좋아하는 친구가 유독 함께 놀아주지 않았으며, 힘든 산책 시간을 보내고 집에 돌아왔을 수 있다. 아이 짜증의 이면에는 '피곤해서 쉬고 싶다'는 욕구가 있는데, 엄마는 그걸 모르고 여러 가지 자극이 되는 상황에 아이를 개입시킨다(놀이터를 가든지, 학원을 가든지). 그러면 아이의 작은 짜증이 큰 짜증으로 바뀌며 감정이 격해지고, 결국 소란을 일으키게 되는 것이다. 이는 엄마가 아이의 작은 짜증 뒤에 어떤 욕구가 있는지를 읽어주고 휴식을 취하게 해주었다면 막을 수 있는 상황이다.

아이가 신생아일 때, 엄마는 하루에도 몇 번씩 아이가 배가 고픈가, 기저귀가 축축한가, 잠을 잘 시간인가 하며 아이 울음의 이유를 추측했다. 이는 아이의 숨겨진 욕구를 파악하고 채워주기 위해서였다. 아이의 키가 훌쩍 자라고 몸무게가 많이 늘었다고 해서, 아이가 다 자란 것은 아니다. 아이는 여전히 아이이고 우리는 여전히 아이가 말로 표현하지 못하는 욕구를 파악해야 한다.

또한, 아이의 행동보다 감정을 먼저 주목해야 한다.

아이가 화가 나면 문을 쾅 닫고 방에 들어가거나 버릇없는 말투로 말대꾸를 하는 상황이 일어난다. 대개의 부모는 아이가 문을 쾅 닫은 행동 혹은 버릇없이 말한 행동에 초점을 맞추어 그것을 먼저 지적한다. 아이의 버릇이 나빠질까 봐, 부모의 권위가 훼손될까 봐 불안해진 부모는 그 행동부터 수정하려고 한다. 하지만 아이에게 분노나 짜증을 표현하는 성숙한 기술을 기대하는 것은 무리다. 아이는 이미 이성적으로는 본인의 행동이 버릇없는 행동이라는 것을 알고 있지만, 감정이 앞선 상태라서 그런 행동을 보인 것뿐이다. 감정을 토닥여주면 일부러 부모 보란 듯이 하는 버릇없는 행동은 차차 줄어든다.

두 번째 단계는 아이가 본인이 느낀 감정을 표현할 수 있게 도와주는 것이다. 감정 코칭 전문가인 존 가트맨John Gottman 박사는 감정에 이름을 붙여주는 것을 '감정이라는 문에 손잡이를 만들어주는 것'으로 비유한다. 손잡이가 있는 문은 빨리 여닫을 수 있지만 손잡이가 없는 문은 여닫기가 힘들어 머물고 싶지 않은 곳에서 빨리 빠져나갈 수 없다. 감정도 마찬가지다. 자신이 가지고 있는 감정이 어떤 것인지 알면 그 손잡이를 잡고 감정이 만든 방에서 빠져나갈 수 있지만, 모르면 대책을 찾기 힘들다. 감정 단어들을 제시하거나, 감정 차트, 감정 온도계, 감정 카드 등을 활용하는 방법이 감정의 손잡이에 해당한다.

아이가 어려서 다양한 감정의 차이를 말로 표현하기 힘든 경우에는 엄마가 아이의 감정에 대신 꼬리표를 붙여주고, 그 감정을 다른 행위로 표현하게끔 하는 방법도 있다. 감정이란 똑 잘라서 여기까지는 슬픔, 저기부터는 외로움으로 구분할 수 없는 복합적인 것이라 엄마가 아이의 감정을 설명해주고 이해시켜야 할 때가 있는 것이다.

아이가 유치원에서 친구와 싸우고 선생님에게 혼났다고 가정하자. 집에 온 아이의 이야기를 들어보니 친구가 장난감을 뺏은 일이 계기가 되어 갈등이 생겼고 선생님께 혼난 상황이다. 이 상황에서 엄마는 아이에게 말로 표현하지 않아도 아이가 어떤 감정을 느꼈는지 직감적으로 알 수 있다. 이런 경우 엄마가 말로 "그래, 우리 아들(딸)이 친구 때문에 속상하고 선생님이 오해해서 억울하겠네. 다음에는 그 친구랑 잘 이야기해보자" 공감해주면 된다. 그러면 아이는 그 감정이 속상함, 억울함이라는 것을 알게 되고, 엄마가 가려운 곳을 긁어준 것처럼 속이 시원할 것이다. 마음을 읽어준 후 아이가 좋아하는 활동을 하게끔 유도하면 된다. 그림을 그리거나 만들기를 하거나 좋아하는 음식을 먹거나 하는 시간을 보내면서 감정을 해소하면 되는 것이다.

아이가 감정을 표현했든, 엄마가 대신 감정을 표현해주었든 간에 감정에 이름을 붙였다면, 그 감정에 공감해주는 것이 마지막 단계다. 이때는 감정을 좋은 감정과 나쁜 감정으로 나누어 나쁜 감정은 억누르고 숨기라는 메시지를 주는 대신, 모든 감정이 아이의 성장에 필요하다는 생각으로, 편견 없이 감정에 공감하자. 또한, 아이가 엄마의 비언어적 신호를 즉각적으로 해석하는 만큼 눈빛, 말투, 표정이 공감하는 메시지와 일치하도록 하자.

여러 육아서나 육아 전문가에게서 "~구나" 하고 마음을 읽어주라는 이야기를 많이 들었을 것이다. 아이의 마음에 진심으로 공감하면서 "기분이 나쁘구나"라고 이야기해주는 것은 문제가 없지만, 대충 상황을 종결하고 싶어서 "~구나"를 남발하면 아이도 대번에 엄마의 그런 마음을 눈치채고 더 화를 낸다. 뭐라고 말해줘야 할지 모르겠고, 말하는 것도 힘들 때는 그냥 따스하게 안아주고 토닥이자. 비언어적인 신호와 언어적인 신호를 일치시켜야 아이가 혼란스럽지 않다.

　이렇게, 아이가 어떤 감정을 느끼고 있는지 알아차리고, 감정을 표현할 수 있게 도와주고, 그 감정에 진심으로 공감해주면 대부분의 상황은 종결될 것이다. 설사 아이에게 감정의 찌꺼기가 남아 있더라도, 부모의 몫은 거기까지다. 아이도 부모의 도움으로 옅어지고 가벼워진 감정을 혼자 다루어봐야 한다. 결국, 그 감정은 아이의 것이다. 부모는 아이의 감정을 이해하고 함께 다루려고 노력한 것만으로도 역할을 다했다. 이런 과정들이 되풀이되면 아이가 나중에 커서 부모가 되었을 때는, 우리가 겪은 감정의 소용돌이에 휩싸여 허우적대는 일이 많이 줄어들지 않을까. 부정적인 감정을 스스로 더 뾰족뾰족하게, 더 날카롭게 만들어 자기 자신을 괴롭히는 것은 우리 세대에서 끊어낼 수 있길 바라며, 아이의 마음을 이해해보자.

까다로운 아이를
받아들인다는 것

아들러의 제자이자 세계적인 교육학자 루돌프 드라이커스^{Rudolf Dreikurs}는 아이 문제 행동의 목표를 관심 끌기, 권력 행사하기, 보복하기, 무능력함을 보이기 등 네 가지 유형으로 구분한다. 아이의 문제 행동 대부분이 이 네 가지 유형 중 하나에 해당하며, 문제 행동 뒤에는 아이들이 전달하고 싶은 메시지가 숨겨져 있다고 한다.

첫 번째는, 사람들의 관심을 끌거나 특별한 대접을 받을 때 자신이 인정받는다고 생각하고 지나친 관심을 끄는 행동을 하는 유형이다. 엄마가 동생을 돌본다고 바쁠 때, 각종 일들로 정신이 없을 때, 다른 사람들과 대화하고 있을 때, 아이들은 꼭 돌발 행동으로 엄마를 당황시킨다. 두 번째는, 상대에게 지지 않기 위해 힘겨루기를 하여 자신의 힘을 확인하고자 하는 유형이다. 부모가 하지 말라는 행동, 싫어하는 행동을 일부러 하면서 본인이 상황을 통제하고자 한다. 세 번째는, 상처받은 만큼 다른 사람에게 상처를 주기 위한 보복 행동을 하는 유형이다. 어떤 아이들은 상처받은 마음을 알아주길 바란 나머지 부모에게 똑같은 상처를 입히곤 한다. 마지막은 스스로가 부족하다고 여기고 미리 포기하는 유형이다. 자신의 능력에 확신이 없는 상태에서 어떤 일이든 미리 포기하고 체념해버리는 아이들이 여기에 속한다. 아이를 키우다 보면, 이 네 가지 유형을 골고루 겪게 된다.

아이는 관심을 받고 싶어서 일부러 물을 쏟기도 하고, 엄마에게 지지 않으려고 기 싸움을 벌이기도 하고, "엄마 미워"라는 말로 일부러 보복하려고 하며, 자신 없는 일에서는 도전도 하지 않고 미리 포기해버리기도 한다. 하지만, 이런 상황들에 숨겨진 메시지가 있다는 것을 인식하는 것만으로도 엄마는 이전과 다른 태도로 아이를 대할 수 있다.

전문가들은 많은 사람이 문제 행동이라고 지적하는 것들 가운데 상당수가 나이에 걸맞은 행동이라고 한다. 아이가 자아가 생기면서 자신의 의사 표현을 미성숙한 방식으로 하다 보니, 그것이 떼나 징징거림으로 표출되는 것뿐이다. "우리 애는 왜 이렇게 말을 안 듣지"의 이면에는 완벽한 아이에 대한 환상이 우리 머릿속에 자리 잡고 있기 때문이다. 부모 말에 순종하고, 알아서 깨끗하게 씻고 먹고 자고, 공부도 잘하고, 성격도 좋은 아이는 세상에 존재할 수 없다. 엄마가 사회 저변에 있는 완벽한 모성 신화로 인해 스스로를 괴롭히고 자책감을 느꼈던 과정을 아이에게도 반복하고 있는 것은 아닌지 생각해볼 필요가 있다. 우리는 무의식 중에 완벽한 아이라는 기준에 부합하지 못하는 우리 아이의 부족한 면만 들춰 보고 있는 것은 아닐까.

아이들을 데리고 할머니 집에 가면, 아이들은 신이 나서 우당탕 뛰어다니고, 치고받고 싸우고, 음식을 쏟는 등 난리블루스를 춘다. 항상 신경이 곤두서 있는 나는 그런 아이들을 달달 볶으며 호통을 치는데, 할머니는 "원래 애들은 다 그런 거다" 하며 말없이 아이들이 만든 흔적을 닦고 뒷정리를 한다. 유난히 육아가 힘들 때마다, "애들이 다 그렇지"라는 말을 가만히 되뇌어본다. 아이들은 다 그렇게 자란다. 그러니 비슷한 월령의 아이들을 키우는 엄마들의 고민이 비슷한 것 아니겠는가. 백일쯤에는 통잠을 안 자서, 두 돌쯤에는 떼가 심해져서, 세 돌쯤에는 기저귀를 못 떼서 등등 다들 비슷한 고민을 하며 아이를 키운다.

그럼에도, 어떤 아이는 순해서 상대적으로 키우기 쉽고, 어떤 아이는 까다로워서 손이 더 많이 가곤 한다. 한배에서 태어나도 그러하다. 뇌과학자들은 이러한 기질이 각각의 아이들에게 '프로그램'되어 있는, 선천적인 것이라고 한다. 이미 유전자에 특정 기질이 새겨진 채 태어나며 그 기질은 평생 우리를 따라다닌다. 그러므로 아이가 유난히 예민하다거나, 내성적이라거나, 주장이 강하다고 해서 엄마가 자책하지는 말자. 그 아이는 그냥 그렇게 태어난 것이다. 다만, 부모는 아이와 상호작용을 통해 태도나 행동의 변화를 이끌어줄 수는 있다. 아이를 있는 그대로 받아들이고, 문제가 되는 행동은 교정해주면 된다. 아이는 태어날 때부터 어떤 나무로 자랄지가 결정되어 있는 존재다. 도토리는 처음부터 떡갈나무가 되기 위해 존재하고, 은행은 은행나무가 되기 위해 존재한다. 아이는 땅속 깊이 뿌리를 내리고 나무로 자라는 과정에 있다. 아이가 다른 이에게 피해를 주는 방향으로 가지를 뻗으면 부모가 가지를 치는 작업을 해주면 된다.

아이의 기질을, 아이의 본성을 그대로 받아들여야 한다. 그 기질을 바꾸려고 엄마가 아이를 붙잡는 순간 아이는 엄마 곁을 떠난다. 내성적인 아이의 기질이 마음에 걸려서 스피치 학원에 넣고, 소심한 기질을 고치려고 싫다는 운동을 억지로 시킨다고 그 기질이 사라지지 않는다. 아이는 그 기질을 타고났고, 그 기질로 자신을 보호하며 살아가는 것뿐이다. 엄마가 아이의 기질을 받아들이지 못하고, 마음에 들어 하지 않으면 아이는 대번에 눈치챈다. '나는 소심한 아이구나. 엄마는 그런 나를 고치고 싶어 하는구나' 라는 마음을 가진다. 엄마를 사랑하니까, 엄마가 하라고 하니까 처음에는 성격을 바꿔보려고 노력하겠지만 결국은 그 목적은 달성하지 못하고 본인의 소심한 모습을 자책하는 결과만 낳는다. 아이의 모습을 있는 그대로 사랑해주어야 아이도 자신의 모습을 진정으로 사랑할 수 있다. 지금까지 살면서 엄마인 우리의 성격을 바꿔본 적이 있던가. 바꾸는 척하는 것뿐이지 타고난 성격을 바꿔 산다는 것은 쉽지 않다.

대부분 아이의 문제는 발달 속도의 문제이거나 기질의 문제다. 아이의 느린 발달 속도는 기다려주어야 하고, 순하지 않은 기질은 받아들여야 끝난다. 이는 정상, 비정상의 문제가 아니다. 요즘은 아이에게 아무 문제가 없어도 심리, 성격, 학습 검사를 흔하게 받곤 한다. 혹시나 내 아이가 평균에 못 미치는 것은 아닐까, 비정상적인 발달 소견이 있는 것은 아닌가 걱정이 지나친 경향이 있다.

나 역시, 첫째가 어릴 때 심리 상담을 받은 적이 있다. 첫째가 5살일 때, 동생이 태어나 병원 입원 기간, 산후조리 기간 동안 엄마인 나와 떨어져 있어야 했다. 사실상 아이의 기억 속 엄마와의 첫 분리였다. 아이는 5년이 지난 지금도 그 기간에 자신이 얼마나 불안했는지, 엄마가 병원에서 돌아오지 않을까 봐 얼마나 걱정했는지를 희미하게 기억하고 있다. 그런 첫째가 처음으로 산후조리원에 찾아와 접견을 하는 시간이었다. 마침 출산을 축하해주기 위해 첫째 친구 엄마도 선물을 가지고 찾아 왔다. 평소 친하게 지내던 동갑내기 첫째 친구도 데리고 왔는데, 그날 아이는 갑자기 그 친구를 때리고 밀치며 공격적인 행동을 보여 나를 당황스럽게 했다. 그 후에도 아이가 신경질적인 행동을 자주 보여서 아이를 데리고 심리 상담을 받았다. 결과는, 원래 알던 아이의 기질을 확인하고, 아이가 예민한 시기이니 잘 보듬어주라는 것뿐이었다. 특별히 놀이 치료를 권할 만큼 상태가 심하지는 않아서 그것으로 끝이었다. 그리고 그 시기를 지나자 첫째는 다시 안정을 찾았다. 결국, 엄마의 출산으로 예민해진 아이의 마음을 들여다보고 기다리는 것이 해결책이었다.

앞서 말한, 아이의 본성을 받아들이고 기다리는 것. 그것이 대부분의 치료법이다. 엄마가 작성한 문진표를 토대로 아이의 기질을 살펴보고, 한정된 시간에 아이와 엄마가 노는 과정에서 이루어지는 상호작용을 살펴보는 것만으로 한창 발달 중인 영유아가 제대로 진단을 받기는 쉽지 않다. 물론 전문가의 도움이 필요한 경우도 있다. 가정이나 기관의 섬세한 돌봄에도 불구하고 아이의 문제 행동이나 발달 부진이 지속된다면 그때는 반드시 전문가와 상담해야 한다.

따라서 아이의 심리, 성격 검사는 신중하게 받되, 받

더라도 그 결과에 너무 휘둘리지 말자. 때로는 전문가보다 엄마의 촉이 맞을 때가 있다. 아이에게 필요한 것을 알고 있는 사람은 다른 누군가가 아닌 엄마일 가능성이 높다. 아이라는 우주를 품어줄 사람은 결국 엄마다.

5장

아이의 양육 태도 바꾸기

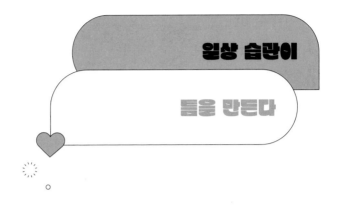

일상 습관이

틈을 만든다

아이 일상에 틈을 만들어주기 전에 일상 습관을 정립해야 한다. 일상에 틈을 낸다는 것은, 즉흥적으로 자신이 원하는 활동을 원하는 시간에 한다는 뜻이 아니다. 오히려 그 반대다. 분명하고 예측 가능한 일상 속에 틈새 시간을 내어 자신을 들여다보는 활동을 갖는 것을 뜻한다. 되도록 규칙적으로, 꾸준히 자신과 마주하는 시간이 이 책에서 말하는 틈새 시간이다. 아이 역시 식사, 놀이, 목욕, 수면이라는 규칙적으로 돌아오는 일과 속에서 안정감을 느끼면서 틈새 시간을 통해 자신을 발견할 수 있다.

코로나19로 많은 학교, 유치원, 어린이집이 휴원과 휴교를 반복하던 2020년을 떠올려보면, 아이들의 반복되는 일과가 얼마나 소중한지 알 수 있다. 코로나 바이러스로부터 아이들을 보호하기 위해, 아이들은 매일 가던 학교에 갈 수 없었고, 친구를 만날 수 없었다. 컴퓨터로, EBS로 수업을 듣고 대부분의 시간을 집에서 보낼 수밖에 없었다. 마침 초등학교 1학년으로 입학한 첫째는 학교에서 무엇을 하는지, 같은 반에 어떤 친구가 있는지도 잘 모르고 1년을 보냈다. 등교 대신 집에서 시간을 보내게 되니 일상이 무너졌다. 취침, 기상 시간이 틀어졌고, 자연히 식사 시간도 뒤죽박죽이었다. 지나친 잉여 시간 속에서 놀이는 활력을 잃었고, 아이들은 미디어(유튜브, 컴퓨터, 텔레비전)와 친구가 되었다. 김빠진 탄산음료처럼 늘어진 생활 속에서 아이들은 무력했다.

그로부터 1년 후 2학년이 된 첫째는 매일 등교를 하게 되었고, 둘째도 정상적으로 유치원을 등원하게 되었다. 물론 언제든 코로나 바이러스에 감염될 수 있는 리스크를 안고 있지만, 되찾은 일상의 힘은 대단히 컸다. 아이들은 일정한 시간에 자고 일어나며, 기관에서 요일마다 정해진 활동을 한 후 집으로 돌아왔다. 반복되는 일상들은 아이들에게 안정감을 주고, 활력 있는 생활을 할 수 있게 했다. 이런 예측 가능한 일상이 부모와 아이에게 최소한의 안전망 역할을 하는 것이다.

아이가 되도록 기상, 식사, 놀이, 목욕, 수면을 비슷한 시간에, 일정한 패턴을 가지고 하는 것이 좋다. 수면을 예로 들어 생각해보자. 아이가 태어난 지 한두 달밖에 안 되었을 때는 아이의 생체 시계가 자리를 잡지 못해서 밤낮이 바뀌고 수면 시간이 일정하지 않다. 그때 부모는 아이에게 매일 비슷한 시간에 수면 의식을 함으로써, 이 시간에는 자야 한다는 것을 몸으로 체득하게끔 한다. 시간이 되면 아이를 따뜻한 물에 씻기고, 마사지를 하면서 로션을 발라주고, 방의 불을 어둡게 한 다음 자장가를 틀어주는 패턴을 매일 반복한다. 그렇게 아이의 생체 시계가 점차 지구에 익숙해지고 아이가 일정한 시간에 수면하게 되면 부모 역시 자신의 시간을 계획할 수 있다.

아이가 자라 말이 통하는 나이가 되었다면, 일상의 이런 패턴들을 더욱 자율적으로 계획하고 실행할 수 있다. 아이가 스스로 생각할 수 있고, 시간 개념이 생긴 나이라면 아이에게 하루 일정을 계획하게 하자. 엄마가 일방적으로 짠 일과표보다 아이가 참여한 일과표를 훨씬 자발적으로 잘 지킬 것이다. 단, 몇 시부터 몇 시까지 독서, 몇 시부터 몇 시까지 놀이라고 정했더라도 아이의 컨디션이나 상황을 고려해 유동적으로 지키게 하자. 식사 시간이 길어지면 다른 시간을 줄이는 식으로 융통성을 발휘하면 된다. 수면 의식을 지속해서 하면 아이가 자장가만 틀어도 스르르 잠이 드는 날이 오는 것처럼, 매일 일정한 순서로 일상을 반복하여 몸이 그 리듬에 익숙하게 하는 것이 중요하다.

코로나19로 집콕 하던 때처럼 지나치게 늘어진 일정도 좋지 않지만, 반대로 아이에게 너무 바쁜 일정을 요구하는 것도 좋지 않다. 요즘 아이들은 끊임없이 여러 가지 일정을 소화하며 산다. 일 때문에 아이를 기관에 맡기는 경우가 아니더라도, 기관에서 하원하면 태권도, 미술, 피아노 학원 등을 가느라 바쁘다. 학령기 아이들은 더하다. 하교 시간은 유치원보다 빨라지는데 아이의 에너지는 더 많아졌으니, 엄마들은 예체능뿐 아니라, 국어, 수학, 영어 등 다양한 학원으로 아이들의 시간을 채운다. 사교육이 필요하면 할 수 있다. 사교육 자체를 반대하는 것이 아니라 아이 개인 시간이 없이 쳇바퀴 돌듯 학원을 도는 빡빡한 일정이 문제다. 최소한 아이가 초등 고학년이 되기 전까지는 아이 스스로 자유 시간을 어떻게 활용할지 생각할 수 있는 환경을 제공해주어야 한다. 아이는 부모가 짜놓은 교과 학원, 예체능 학원 들을 쫓아다니다 보면, 정작 자신이 무엇을 하고 싶은지 마음을 들여다볼 수가 없다. 항상 다음 일정이 정해져 있는 상황에서는 자신만의 세계를 구축할 수가 없다. 엄마는 아이를 위해서 여러 가지를 시킨다고 하지만, 정말 그것이 아이를 위한 것인지, 본인의 불안감을 줄이기 위한 것인지 잘 들여다봐야 한다.

교육 전문가 킴 존 페인^{Kim John Payne}은 저서 《맘^{MOM}이 편해졌습니다》에서 아이들이 '자신마저 잊고 빠져들 수 있는 활동'으로 긴장을 풀고 정신적 여유를 되찾을 수 있어야 다른 일도 처리할 수 있다고 했다. 밥솥에 압력이 빠지는 배출구가 있어야 하는 것처럼, 아이 일상의 압력을 낮출 수 있는 놀이 시간이 있어야 한다는 것이다. 아이가 학교에서 돌아오자마자 빠져서 할 수 있는 활동이면 무엇이든 압력 배출구가 된다. 블록 놀이, 땅파기, 그림 그리기 등에 몰두하는 시간을 통해 아이는 스트레스를 배출하고 다른 일상을 살아갈 힘을 얻는다. 엄마의 틈새 시간이 엄마 일상에 얼마나 활력소가 되는 지를 생각하면, 이해가 쉬울 것이다. 아이 일상에 자신 만의 압력 배출구를 만들 수 있는 틈을 열어주자.

때로, 아이들은 일상이 얼마나 견고한지, 자신이 어 디까지 일상을 변화시킬 수 있는지 그 경계를 확인하고 자 할 것이다. 기껏 확립해놓은 일상 습관들을 갑자기 거부하거나 다른 패턴을 요구하는 식으로 말이다. 매일 비슷한 시간에 놀고, 먹고, 자다가도 갑자기 씻기를 거 부한다든지, 갖가지 이유를 대면서 자기 싫다고 한다든 지 할 수 있다. 이럴 때 아이의 마음은 경계가 어디까지 인지를 확인하고 싶은 것이지, 그 경계를 무너뜨리고자 하는 것이 아니다.

아이가 갑자기 일상 습관을 거부한다면, 매일 지켜야 하는 루틴들을 시각화한 일과표를 활용하자. 각종 교육 사이트, 블로그에서 귀여운 일러스트로 표현된 일과표 를 다운받아 프린트하고, 아이와 아침 저녁에 어떤 순서 로, 어떤 일을 해야 할지 이야기를 나누자. 이 과정에서 왜 꼭 양치해야 하는지, 왜 식사는 양치 전에 해야 하는 지에 관한 대화를 하면서 아이를 이해시킬 수 있다. 그렇게 일과 순서, 빠트리면 안 되는 일과를 타협하고 나면 아이는 본인에게 허용되는 선을 확실하게 이해할 것이다. 이제 그 일과표를 눈에 잘 띄는 곳에 붙여놓고, 아이에게 일과표 순서에 따라 행동하게 하자. 아이는 시각화된 일과표를 보면서 바로 다음 일과를 인식할 수 있고, 엄마는 바쁜 시간에 잔소리하는 대신 일과표를 가리키면 된다. 이런 일상 습관을 지속해서 유지하는 과정에서 아이는 자제력을 배울 수 있고, 일상에서 배운 그 힘은 다른 영역에까지 영향을 미친다.

일상 습관을 만들고, 매일의 루틴을 만드는 것이 결국 틈을 만드는 것이다. 아이는 예측 가능한 일상 속에서 느낀 편안함을 통해 에너지를 얻고 그 에너지로 낯선 영역을 탐험하고 다시 일상으로 돌아와 안정감을 얻기를 반복할 것이다. 이때쯤 집에 돌아오면 엄마가 따뜻한 밥을 차려주고, 이때쯤이면 아빠와 목욕할 수 있다는 일관된 일상 속에서 아이는 가정의 따스함을 느낀다. 그리고 이 일관성은 자기 통제력으로 연결되어 기관에서도 훨씬 잘 지내는 아이로 성장한다. 울타리 없는 목장에서 제멋대로 돌아다니는 양은 결국 길을 잃고 누구의 도움도 받지 못한 채 세상에 내던져진다. 일상 습관은 아이 삶에 울타리가 되어 아이를 보호해주고, 더 성장할 수 있게 도움을 준다. 우리는 가끔 아이가 울타리를 벗어나려고 할 때 양치기처럼 아이를 다시 울타리 안으로 부르는 역할만 하면 된다. 단, 울타리는 최대한 널찍하게 설치하여 아이가 그 안에서 자유롭게 뛰어 놀면서 자율성을 발휘할 수 있게 하는 것이 일상의 틈을 만드는 핵심이다.

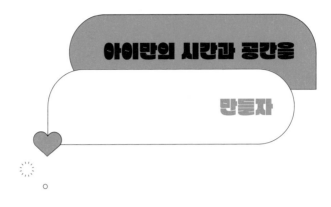

아이만의 시간과 공간을

만들자

'미니멀 라이프'가 대세다. 각종 미디어에서는 너저분한 장난감이나 책, 심지어 소파와 텔레비전도 없는 거실, 필요한 물건만 놓인 깔끔한 부엌 등을 연일 보여준다. 눈이 시원해지는 듯 대리만족을 하다가도 우리 집을 보면 숨이 꽉 막히는 느낌이다. 하지만 한편으로 아이를 키우면서 미니멀 라이프가 정말 가능한가 하는 의문이 생긴다. 가족이라고는 서너 사람뿐인데도 이렇게 필요한 것들이 많은데.

모두가 미니멀 라이프를 지향할 필요도 없고, 설사

지향한다 할지라도 개개인의 상황에 맞추어야 무리가 없다. 아이를 키우는 집은 기본적으로 필요한 물건들이 있기 마련이다. 깨지지 않는 식기, 식탁 의자, 화장실 발받침대, 낮은 책상 등 아이 눈높이에 맞는, 안전을 보장해주는 물건은 필수다. 미니멀리스트들의 집을 따라 한다고 무작정 다 버리고 나면, 새로운 물건을 구입하여 그 자리를 채우게 되니 우리 가족의 성향과 개성에 맞는 적당한 수준을 찾는 것이 중요하다.

다만, 물건이 지나치게 많으면 그만큼 정리하는 데 손이 많이 가는 것은 사실이다. 100리터 쓰레기봉투 한 장을 사서 필요하지 않은 물건을 싹 비워보자. 쓰지 않는 화장품, 몇 년간 입지 않은 옷, 읽지 않는 책, 사이즈가 작아진 신발, 유행 지난 장난감 들을 모두 버리고 나면 그 물건을 관리하는 데 에너지를 쏟지 않아도 된다. 그렇게 물건을 비우고 나면, 빈 공간이 절로 생길 것이다. 아이의 손이 닿으면 안 되는 위험한 물건들, 쉽게 망가지거나 계속 잔소리를 하게 만드는 물건들은 눈에 보이지 않는 서랍장 안으로 들여놓자. 이런 환경을 만드는 것만으로도 많은 갈등 상황을 피하게 된다.

적당한 미니멀 라이프는 아이들에게도 이롭다. 아이

가 지나치게 많은 물건으로 둘러싸여 있으면 주의력이 떨어지고 무언가에 몰두하기 힘들다. 두 돌이 안 된 어린아이에게 새롭고 다양한 것을 보여주기 위해 놀이공원이나 아쿠아리움에 갔다 온 날, 아이가 지나친 자극을 받아 오히려 잠을 설치거나 칭얼댔던 경험이 있을 것이다. 넘치는 자극, 선택은 아이들에게도 독이 된다.

요즘 아이들은 대개 양가 어른들에게 몇 없는 손주이자, 부모에게도 소중한 존재인 만큼 어렸을 때부터 많은 물건을 소유하며 자란다. 많은 조부모, 부모가 장난감을 사주면 기뻐하는 아이들의 모습을 보면서 아이와의 관계가 가까워졌다고 생각하고, 직접 놀아주지 못해서 미안한 마음을 달래려고 한다. 하지만 장난감을 선물한다고 해서 아이와의 원만한 관계도 구입할 수 있는 것은 아니다. 또한, 지나치게 많은 장난감, 책에 둘러싸인 아이는 물건의 가치를 하찮게 여기게 되고, 점점 더 화려하고 엄청난 물건을 기대하게 된다. 아이에게 필요한 것은 찰나의 기쁨을 주는 화려한 장난감이 아닌, 아이가 상상력을 펼칠 수 있는 여지가 있는 공간, 자신만의 세계를 구축할 수 있는 틈이 있는 환경이다. 역설적으로 지나치게 많은 장난감이 아이의 창의력이 개발되는 것을 저해한다.

우연히 본 예능 프로그램에서 조카를 너무 사랑하고 예뻐하는 연예인 삼촌이 각종 장난감, 비싼 디제잉 기구까지 조카에게 주면서 환심을 사려 했지만, 정작 그 아이는 쌀과 종이컵으로 한참을 놀던 모습에 웃었던 기억이 있다. 아이들은 장난감이 아닌 부엌용품, 자질구레한 잡동사니를 더 좋아한다.

아이가 사달라고 조른 탐험선, 소방차, 구조 본부 등은 여닫을 수 있는 문, 자동차가 달릴 수 있는 길, 누르면 소리가 나는 버튼 들로 처음 몇 분간 아이들의 환심을 사지만, 그때뿐이다. 변형할 수 없는 형태의 큰 플라스틱 덩어리로 만들어진 경우가 대다수이기 때문에 구입 후 몇 번 정도 가지고 놀고 나면 장난감 서랍장에 처박혀 있기 일쑤다. 실제로 10살, 6살 아들 둘을 키우는 우리 집에서 아이들이 가장 오래 가지고 노는 장난감은 나무 블록과 종이다. 유명한 캐릭터 장난감이나 학습에 도움이 된다고 산 교구들은 아이들이 오래 가지고 놀지 않아 서랍장 구석에 있거나, 진작에 쓰레기통으로 직행했다. 화려한 장난감으로 아이의 상상력과 창의력까지 얻을 수는 없는 것이다.

그러므로, 아이가 몇 달째 쓰지 않는 장난감, 비슷한 대체재가 있는 장난감, 지나치게 번쩍거리는 장난감, 유행 타는 장난감, 정리하는 데 품이 많이 드는 장난감은 과감하게 정리하자. 아이가 좋아하고 자주 가지고 노는 장난감만 눈에 띄고 정리하기 쉬운 곳에 놔두자. 생각보다 아이들은 엄마가 정리한 장난감을 찾지 않을 것이다. 당장 버리기 힘들다면, 다용도실이나 베란다 등에 따로 정리한 장난감을 보관하고, 아이가 찾을 때만 꺼내서 주자. 이 과정을 반복하면, 아예 가지고 놀지 않는 장난감은 아이의 기억 속에 잊히고 그때 과감하게 버리거나 필요한 아이에게 주면 된다.

만약 아이가 심심해한다면, 밖으로 데리고 나가자. 자연물은 아이에게 가장 재미있는 장난감이다. 아이는 돌을 쌓고, 나뭇가지로 그림을 그리고, 열매를 찧고, 나무에 올라타며 소근육, 대근육을 발달시킨다. 자연물은 변형이 가능해서 매번 다른 방법으로 놀 수 있다. 우리는 그저 위험하지 않도록 아이들을 지켜보면 된다.

지나치게 많은 책도 필요하지 않다. 아이는 좋아하는 책을 반복해서 읽어주는 것을 좋아한다. 책을 많이 읽느냐보다, 어떤 책을 얼마나 자신의 것으로 소화하느냐의 문제인 것이다. 국수도 후루룩후루룩 삼키면 무슨 맛인지 모르고, 고기도 꼭꼭 씹어 먹지 않으면 그 참맛을 느끼지 못하듯이, 책도 반복 독서를 통해 깊이 있게 받아들여야 의미가 있다. 좋아하는 책을 읽을 때마다 책에서 다른 향과 맛을 찾아내는 것이 독서의 묘미다. 그러니 아이에게 너무 많은 책을 들이대기보다, 아이가 적은 수의 책이라도 깊게 빠질 수 있는 환경을 만들어주자. 꼭 필요한 책은 구매하고, 그렇지 않은 책은 도서관에서 자주 대여하면 된다.

만약 아이가 장난감, 책을 처분하는 것에 반대한다면 앞서 말했듯이 공용 공간인 거실, 부엌, 화장실 등은 엄마의 적당한 미니멀 라이프를 따르게 하고, 아이의 방은 아이가 원하는 만큼 물건을 둘 수 있도록 허용해주자. 대신, 자유에는 책임이 따른다는 것을 알려주고 자신의 물건은 스스로 관리하고 정리할 수 있도록 유도하자.

이렇게 공간을 확보했다면, 지루할 수 있는 시간을 주자. 아이의 입에서 "심심해"라는 말이 나오기가 무섭게 재미난 장난감이나 활동을 갖다주지 말고, 아이가 자발적으로 움직일 수 있게끔 기다리자. 심심하다는 말은 창의력을 끌어낼 수 있는 기회를 뜻하기도 한다. 아이가 아무것도 안 하고 혼자 빈둥빈둥하는 시간을 두려워하지 말자. 뇌과학자들은 이런 멍 때리는 시간에 뇌에 쓰레기가 말끔히 청소되면서 새로운 정보가 축적될 공간이 생긴다고 한다. 또한, 창의성과 관련이 깊은 8~12헤르츠의 알파파는 아이가 바쁘거나 해결해야할 문제가 있을 때 억제되고, 편안하고 이완된 상태에서 가장 많이 나온다고 한다. 아이가 여러 가지 일정으로 바쁜 일상에 끌려가게 되면, 자신이 무엇을 좋아하는지, 어떤 감정을 어떻게 배출하는지 들여다볼 새가 없어진다. 좋아하는 것, 잘하는 것을 깨우치고 그것에 몰입할 수 있는 시간과 공간을 제공해주자. 방해물을 최대한 줄여주고 틈을 줌으로써, 아이는 자신을 알아갈 수 있다.

이런 시간과 공간의 여유는 엄마에게도 이롭다. 물건을 현명하게 버리고, 소비하는 습관이 몸에 배면, 엄마는 넉넉해진 생활 공간 속에서 편안해질 수 있다. 처음에 버리는 것이 어렵지, 버리기 시작하면 공간이 넓어지고 해치워야 할 집안일들이 차츰 줄어들기 때문에 오히려 여유가 생긴다. 또한, 아이가 멍하게 있고 빈둥빈둥해도 엄마가 놀아주어야 한다는 강박을 버리면, 엄마를 위한 시간이 늘어난다. 일상의 틈은, 엄마와 아이 모두에게 여유와 편안함을 가져다준다.

놀이 시간이 곧

감정의 배출구가 된다

앞서 엄마의 일상 틈새를 찾는 과정에서 신체적, 감정적, 지적, 사회적 차원의 욕구를 채워주는 다양한 활동들을 알아보았다. 아이도 마찬가지로 일상에서 감정을 배출할 수 있는 활동이 필요하다. 어린아이는 감정을 언어적으로 구체화하여 표현하지는 못하지만, 본능적으로 자신을 채우는 활동을 통해 감정을 다스리고 일상에 틈을 낸다. 그것이 아이의 '놀이'다.

첫돌만 되어도, 아이는 소꿉놀이를 하면서 빈 접시에 눈에 보이지 않는 요리를 만들고, 먹는 시늉을 한다. 가상 놀이가 시작되는 것이다. 그렇게 혼자 놀기, 병행 놀이(같은 공간에서 또래와 비슷한 장난감을 가지고 놀지만 상호작용은 하지 않고 혼자 노는 것)를 하다가 두 돌 이후가 되면 친구와 함께 노는 시간이 늘어나고, 4~5세부터는 엄마 아빠, 영웅, 의사, 공주 놀이 등 본격적인 역할 놀이가 시작된다. 학령기에 가까워지면, 놀이는 게임의 형태를 띠게 된다. 놀이 안에서 아이들끼리 규칙을 만들고 그 규칙에 맞는 사회적 상호작용을 하며 인내심, 협동심, 배려심 등을 체득한다.

엄마는 아이가 놀이를 통해 일상의 틈을 만들 수 있게 환경을 만들어주고, 아이의 주도하에 진행되는 놀이를 따라가기만 하면 된다. 대개 엄마들은 놀이할 때에도 교육적인 메시지를 전달하고 싶은 마음에 "이 블록을 한 개 더 쌓으면 총 몇 개가 될까?", "이렇게 쌓아야 블록이 안정적으로 높이 올라갈 수 있지" 하며 아이의 놀이에 개입하곤 한다. 엄마가 하고 싶은 이야기 말고, 아이가 하고 싶은 이야기를 따라가자. 어른의 시선으로 놀이를 판단하기 시작하면, 아이는 금세 흥미를 잃고 자신이 자율적으로 진행할 수 있는 다른 놀잇감을 찾을 것이다. 놀이의 주체는 아이라는 점을 명심하면서 아이의 놀이를 함께 하자.

아이가 크면서 몰입하는 놀이의 종류도 달라진다. 아이가 태어나서 대근육이 발달하기 전까지 가장 많이 하는 놀이는 조작 놀이다. 아이는 헝겊 장난감부터 시작해서 점차 구조화된 장난감을 가지고 놀기 시작한다. 소근육이 어느 정도 발달하면, 블록이나 퍼즐 등 고차원적인 조작 놀잇감으로 확장한다. 특히 아이는 블록을 쌓아 올리고 부수는 과정을 통해 성취감, 인내심, 지구력 등을 기를 수 있다. 또한, 스스로 창작하고 완성한 조형물을 이용하여 역할 놀이를 하는 과정에서 감정을 배출하고 표현할 수 있다. 블록은 고차원적인 구조물을 설계, 창조할 수 있어 청소년기 아이들까지도 가지고 노는 놀잇감이기도 하다. 아이는 조작 놀이를 통해 세밀한 손놀림이 가능해지고, 눈과 손의 협응 등을 통해 여러 감각을 동시에 발달시킨다. 생후 24개월까지 아이의 발달 중 가장 두드러진 변화가 소근육과 관련성이 있는 소뇌의 발달인데, 소뇌는 출생 후 급속도로 발달해 생후 24개월만 되어도 거의 성인 수준으로 발달한다고 한다. 또한, 손을 관장하는 부분은 대뇌피질에서 가장 넓은 면적을 차지하여 운동중추 면적의 30퍼센트에 해당한다. 이처럼 대뇌피질과 소뇌가 주관하는 소근육의 발달은 문제해결력, 창의력과 밀접한 관계가 있다.

두 번째 놀이는, 신체 놀이다. 생물학적으로 인간의 신경 체계 중 일부는 공격성과 관련이 있는데, 이를 긍정적으로 전환해야 아이가 내면의 에너지를 건강하게 분출시킬 수 있다. 특히 남자아이들은 본능적으로 때리고 부수고 싸우는 행위에 흥미를 보인다. 칼, 총 등으로 전쟁 놀이를 하기도 하고, 괴물을 무찌르는 놀이, 누군가를 구출하는 영웅 놀이 등에 빠져들곤 한다. 엄마인 우리는 전혀 이해할 수 없고, 재미를 느낄 수도 없는 놀이이지만 이런 놀이를 도덕적, 윤리적으로 '그건 옳지 않아'라고 가로막기보다는, 놀이로 억눌린 감정을 배출시키고, 힘의 한계를 스스로 느끼고 안전하게 좌절할 수 있게 하는 편이 낫다. 신체 놀이를 통한 에너지의 긍정적 전환은 아이가 다양한 감정을 인지하고 조절할 수 있게끔 한다.

또한, 팀 스포츠가 가능한 나이가 되면 친구들과 함께 운동을 배우고 소통하고 규칙을 지키는 경험을 통해 사회적 기술도 배울 수 있다. 운동은 학업 능력에도 긍정적인 영향을 미친다고 한다. 일리노이대학교 로라 차도크헤이먼Laura Chaddock-Heyman 박사는 러닝머신으로 아이들의 지구력을 측정한 연구에서 지구력이 좋은 아이일수록 계산 능력이 뛰어나고 백질의 양이 많다는 사실을 발견했다. 백질은 두뇌조직을 연결하는 신경섬유로, 양이 많을수록 정보전달능력이 강화된다. 지구력이 발달한 아이는 뇌도 발달한 것이다. 차도크헤이먼 박사는 자주 움직일수록 뇌의 새로운 신경세포를 만드는 영양물질이 많이 나온다는 메커니즘도 밝혀냈다. 아이의 움직임을 새로운 시각으로 봐야 하는 이유다.

세 번째는 역할 놀이다. 러시아의 심리학자 레프 세묘노비치 비고츠키Lev Semenovich Vygotsky는 역할 놀이야말로 유아기의 발달을 가장 촉진하는 놀이라고 했다. 아이는 4~5세가 되면 놀이의 주인공이 '자신'이던 시기를 지나, 다양한 역할을 수행하며 놀기 시작한다. 자신이 다른 사람이 되어보는 경험을 통해 저절로 다른 이의 입장에서 생각하고 규칙을 배우게 된다. 인형이나 블록 등 장난감에 현실을 반영함으로써 다양한 상황, 입장을 간접 경험하고 이를 통해 사고를 확장한다. 아이는 성장하면서 재활용품이나 블록 등으로 가상 공간을 직접 만들고, 다양한 소품을 만들어 자신만의 세계를 구축하기도 한다.

나 역시 어린 시절에 인형 놀이에 푹 빠져 있었다. 나는 인형을 가지고 놀면서 나만의 이야기를 만들고, 사촌 동생과 역할 놀이를 하는 시간이 가장 즐거웠다. 종이인형부터 시작해서 바비인형, 동물인형 등 각종 인형을 섭렵하고, 인형 옷을 만들어 입히는 등 굉장한 정성을 들였다. 심지어, 사촌 동생과 인형극을 구상하여, 무대와 소품을 만들고 이야기를 꾸며 엄마, 이모를 앉혀놓고 인형극을 보여드리기도 했다. 20년이 훌쩍 지난 지금도 인형극을 준비할 때의 설레임, 즐거움, 기쁨 같은 감정이 기억나는 것은 그 역할 놀이가 얼마나 나의 감정을 어루만져주었는지를 보여주는 증거다. 이런 유년기를 거쳐 이제 엄마가 된 우리가 할 일은, 아이만의 세계가 확장될 수 있는 공간과 그 세계에 몰입될 수 있는 시간을 주는 것이다. 아이가 자신의 세계에 푹 빠질 수 있노록 환경을 조성해주고 자율권을 주어야 한다. 아이가 자신을 펼칠 수 있는 틈을 만들어주어야 한다.

마지막으로 아이는 예술 놀이를 통해 성장한다. 아이는 미술, 음악 등 예술 활동을 통해 자신을 표현할 수 있고, 자신감을 기를 수 있으며, 창의력과 문제해결력을 향상할 수 있다. 특히, 언어적인 표현력이 미숙한 연령의 아이에게 미술과 음악 놀이는 긍정적 감정은 함께 나누고, 부정적 감정은 배출하여 해소할 기회다. 심리학자들은 그림 그리기를 아이 나름의 글짓기라고 한다. 아이는 글로 표현하지 못하는 감정들을 그림을 통해 표현할 수 있다. 그림뿐 아니라 점토, 종이, 모래 등 다양한 재료로 활동하는 과정에서 감정을 시각화할 수 있다. 음악 역시 아이가 노래, 악기 등으로 정서를 전달하는 수단이 될 수 있다.

이처럼, 아이들은 놀이를 통해 상상 속 모험을 떠나고 일상으로 돌아오는 경험을 반복한다. 자신이 만든 블록의 세계에서, 그림 나라에서, 움직임 속에서 감정을 조절하고 문제를 해결하며, 사회화 기술을 배운다. 아이의 지적 능력이 발달하면, 책이나 만화의 내용을 놀이에 적용하기도 하고 그것을 비틀면서 놀기도 하며, 나아가 자신만의 마을이나 국가를 만들기도 한다. 이런 과정에서 현실에서 해소할 수 없는 감정들을 풀어내고, 다시 일상으로 돌아올 힘을 얻는 것이다. 엄마가 일상에서 행복하기 위해 하는 여러 시도와 아이의 놀이는 그런 면에서 같은 결을 가지고 있다. 그런 아이의 틈새를 틀어막지 말자. 아이도 우리처럼 틈새를 통해 행복을 찾을 권리가 있다.

육아의 최종 목적은

아이의 자립이다

오늘날 맹모^{조모}들은 이사를 세 번 하는 것에 그치지 않고 아이의 일거수일투족을 돕는다. 그야말로 아이 주변에서 맴맴 돌며 아이에게 필요한 것을 공급해주고, 아이에게 위험한 요소를 다 걷어주는 헬리콥터맘이 많다. 사춘기 이전의 아이들은 비교적 엄마가 통제하기 쉽고, 아이들은 그저 사랑하는 엄마가 하라고 하니까 엄마의 말을 잘 따른다. 엄마는 아이가 잘 따라오니 몇 년씩 선행 학습을 시키기도 하고, 남는 시간에는 예체능 학습을 시키며 일정을 꽉꽉 채운다.

이렇게 아이가 어릴 때부터 일정, 컨디션, 숙제 등을 다 관리하며 어느 정도의 성취를 달성한 엄마의 매니지먼트는 학습에만 그치지 않고 더 확장된다. 아이의 대학, 회사, 군대, 결혼 생활까지 엄마의 개입은 끝이 없다. 이는 엄마가 더 살았고, 더 많이 알고, 더 많이 경험했기 때문에, 아이를 힘들게 하지 않고 이상적인 환경에서 완벽하게 키우겠다는 마음이 지나쳐서 일어나는 비극이다. 만약 아이가 주관이 생겨 엄마의 생각과 다른 방향으로 가려고 하거나, 아이의 성과가 엄마의 기대에 못 미치는 일이 일어나면 그 엄마의 삶은 의미를 상실한다. 아이의 성적표가 엄마 성적표가 아니고, 아이의 회사 취직이 엄마 취직이 아니라는 것을 깨달아야 한다. 엄마는 엄마 자체로 독립된 개체로서 삶을 꾸려나가야 한다.

이를 달리는 기차에 비유하자면, 기관사인 아이는 더 잘 달리고 싶어서 다른 노선을 선택하려 하는데, 엄마는 그렇게 하면 이탈할 거라고, 그 노선은 시간이 더 오래 걸린다고 하며 아이 대신 운전을 하려는 형국이다. 기차를 달리게 하는 주체는 엄마가 아닌 아이다. 아이가 어릴 때는 엄마가 기차의 운행을 보조할 수 있지만, 아이는 언젠가 혼자 기차를 다루어야 한다. 엄마가 매번 기차를 기름칠하고, 부속품을 갈아주고, 노선 상태를 확인한다면 아이는 그 기차의 기관사가 될 수 없다. 결국, 육아의 최종 목표는 아이의 자립인 것이다.

그렇기에 아이는 좌절하고, 상처받고, 실패해야 한다. 그 과정에서 쓰러지기도 하고, 아파하고, 스스로를 추슬러 일어나봐야 한다. 그런 경험들이 약이 되어 아이의 내면을 단단하게 해준다.

아이가 어려움을 마주했을 때, 엄마가 그것을 대신 해결해주기 시작하면 아이는 스스로 생각하고 해결하려는 의지를 가질 수 없다. 또한, 현실적으로 엄마가 아이가 마주할 어려움을 모두 막아줄 수도 없다. 그렇다면, 아이가 엄마의 품 안에 있을 때 좌절하고 실패하는 것이 낫다. 작은 좌절들을 경험하면서 내구성을 키워 큰 좌절이 닥쳤을 때를 대비하는 것이다. 캘리포니아대학교 어바인캠퍼스 심리학과 록산느 코헨 실버Roxane Cohen Silver 박사는 사람들은 좌절을 겪으면서 심리적 탄력성을 키워가고, 정신적 건강과 웰빙을 다져나간다고 한다. 그뿐만 아니라 고통을 견디는 것만으로도 이후의 좌절을 견딜 수 있는 탄력성을 발달시킨다고 한다. 실버 박사가 진행한 연구에 따르면, 살아가면서 3~6번 정도 좌절을 경험한 사람의 행복 지수가 가장 높았다고 한다.

엄마가 아이의 매니저를 자처하며 아이의 생활과 학습을 관리해주고, 아이도 큰 트러블을 일으키지 않고 엄마 말에 잘 따르고, 학습적으로도 높은 성취를 얻어 좋은 대학에 가고 사회에 진출하는 경우도 있다. 하지만, 아이는 언젠가 '더 큰 좌절'을 마주할 수밖에 없다. 사회에는 겉과 속이 다른 사람, 본인의 이해관계만 따지는 사람, 다른 이를 이용하는 사람 등 다양한 사람들이 존재한다. 나쁜 사람들을 엄마가 다 쳐내준 세계에서 자란 아이는 그런 좌절을 마주했을 때 혼자 이겨내지 못한다. 어린 시절부터 아이가 믿을 만한 사람, 그렇지 못한 사람을 구분하는 선구안을 가지게 하고 후자에 대한 대처법을 키울 수 있도록 하되, 항상 부모가 든든하게 아이 등 뒤를 지켜주면 된다.

그렇다고 일부러 아이에게 실패를 알려주고 좌절을 겪게 할 수는 없다. 다만, 아이가 아이 일을 책임지게끔 조금씩 작은 일을 맡겨볼 수 있다. 앞서 살펴본 것처럼 함께 집안일 하는 습관을 아이가 클수록 확장해, 아이 운동화는 아이가 빨게 하기, 아이 방은 아이가 청소하게 하기, 아이가 사용한 수저는 직접 씻게 하기 등 생활 속에서 노동하는 습관을 들이게 하면 좋다. 어릴 때부터 가족이라는 가장 작은 단위 안에서 하기 싫어도 해야 하는 일을 받아들이고, 일이 잘 안 되었을 때는 책임을 지는 연습을 해야 한다. 바늘구멍을 통과해 유명 대학을 가고, 대기업에 취직해도 조직의 막내에게 요구되는 역할은 복사 잘하기, 회식 식당 예약하기, 비용 처리하기 등이다. 살아온 배경도, 가치관도 전혀 다른 선배들 틈바구니에서 살아남으려면 스스로 움직여야 한다. 집에서 내가 얼마나 귀한 아들, 딸인데 하는 태도는 사회생활에 전혀 도움이 되지 않는다.

첫째가 어린이집 생활을 처음 시작할 때, 아이는 지금 무엇을 하고 있을까, 낮잠 시간인데 잠을 잘 잘까, 엄마와 처음 떨어져 있는데 힘들어하지는 않을까 하는 생각으로 불안하고 초조했었다. 그런 아이가 엄연한 초등학생이 되었다. 코로나19 때문에 1학년 생활을 거의 하지 못하고 몸만 2학년이 된 아이가 학교에 잘 적응할지 걱정이 많았는데, 아이가 스스로 자라나는 힘은 생각보다 강했다. 여전히 가방 안은 온갖 잡동사니로 정신이 없고, 하교할 때는 입가에 온갖 음식을 잔뜩 묻혀 오지만, 아이는 EBS보다 학교가 훨씬 좋다며 학교생활에 금세 적응했다.

아이보다 내 마음이 문제였다. 학교는 유치원과 달리, 선생님 한 분이 아이 개개인의 상황을 시시콜콜 챙겨줄 수 없고, 그래서도 안 되는 곳이다. 처음 학부모가 된 나로서는 그런 학교라는 공간에서 아이가 잘하고 있는지 확인할 바가 없어 답답했는데, 이제는 그저 아이를 매일 무심한 듯 티 안 나게 곁눈질로 관찰하고 대화하는 일이 내가 할 수 있는 일이라는 것을 알게 되었다. 아이가 어떤 친구들과 상호작용을 하는지, 수업은 따라갈 만한지, 숙제와 준비물은 잘 챙기고 있는지가 궁금하지만, 엄마인 내가 할 수 있는 일은 그저 아이의 행동을 관찰하고 물어보는 것뿐이다.

행동수정 abc 법칙에 따르면, 어떤 행동의 결과가 사람의 행동을 결정한다고 한다. '아이가 숙제를 하지 않았다-선생님이 꾸짖거나 타일렀다-숙제를 해야겠다고 생각한다'라는 식으로 원치 않는 결과가 나오면 행동을 바꾸게 되는 것이다. 엄마가 수없이 잔소리하는 것보다, 본인 행동에서 좋지 않은 결과를 몇 차례 겪는 것이 행동을 교정하는 효과가 훨씬 크다. 그러니 아이가 학령기에 들어섰다면, 아이 일에 조금씩 손을 떼고 거리를 두고 지켜보자. 엄마는 아이의 인생을 대신 살아줄 수 없다.

또한, 엄마가 아이를 가장 잘 안다는 생각도 금물이다. 선생님과 아이에 대한 상담을 하다 보면, 엄마인 내가 전혀 알지 못했던 새로운 모습을 알게 되는 경우가 많다. 내 배 속에서 나와서 내가 키웠지만 엄마인 나와는 전혀 다른 개체가 아이라는 것을 깨닫게 된다.

마지막으로, 아이를 독립된 개체로 바라보기 위해서는 엄마의 삶이 있어야 한다. 아이들에게 종속된 삶 말고, 혼자일 때 비로소 나일 수 있는 그런 삶 말이다. 오롯이 나로 돌아가는 때는 언제인지 들여다보자. 아이가 좋아하고, 재능 있는 것을 찾아준다고 피아노, 미술, 태권도, 인라인을 시키는 것처럼, 엄마인 내가 좋아하는 것을 찾기 위해 여러 가지를 시도하기 꺼리지 말자. 꽃꽂이도 해보고, 그림도 그려보고, 악기도 배워보자. 엄마는 그런 시간 속에서 성장하고 자신의 삶과 아이의 삶을 분리할 수 있다.

6장 ♥ 엄마와 아이의 마음 챙김 놀이로 근심 덜어내기

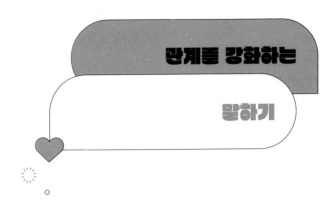

관계를 강화하는

말하기

아이와의 일상 대화가 관계를 형성하고 마음을 표현하는 가장 좋은 방법이라는 것을 엄마도 안다. 하지만 아이와 대화를 나눈다는 것이 생각보다 쉽지 않다. 학교에서 돌아온 아이에게 "오늘 학교는 어땠어?"라고 다정하게 물어봐도, 돌아오는 말은 "몰라"뿐이다. 답답한 마음을 누르고 이것저것 물어보지만 확인할 수 있는 것은 급식 메뉴로 어떤 음식이 나왔다는 사실 정도다. 이런 대화가 반복되면 엄마도, 아이도 입을 닫게 된다.

한국심리상담연구소 김인자 소장은 의사소통은 '인

사-사실 나눔-의견 교환-감정 표현-고백' 단계로 발전하는데 대부분의 부모와 아이는 2단계인 사실 나눔의 관계도 잘 형성되지 않은 경우가 많다고 한다. 앞서 살펴본 것처럼 아이가 정보를 주지 않아 대화가 끊어지는 경우도 있지만, 대화가 잘 이어지더라도 부모가 지시나 명령으로 넘어가기 때문이기도 하다. 아이와 대화를 지속하고 싶다면 충분히 사실에 대해 공유하고 의견과 감성을 나누라고 한다. 도대체 대화의 물꼬는 어떻게 터야 할까?

최대한 구체적으로 물어보자. 우선 아이의 유치원, 학교생활에 대한 기본 정보를 가지고 접근하는 것이 좋다. 오늘 시간표를 확인하고 "오늘 시간표는 국어, 수학, 통합, 통합이었네. 통합시간에는 뭐 했어?"라고 아이가 좋아하는 시간을 콕 집어서 물어보자. 그러면 아이의 활동이 실마리가 되어 대화가 풀린다. 아이의 친구 관계를 활용한 질문도 좋다. "너희 반에서 어떤 친구가 가장 재미있어?"라고 물어보면, 친구들에 대해 잠시 생각해보다가 조금이라도 이야기해줄 것이다. 그러면 거기에 "너는 다른 친구들에게 어떤 친구야?"라는 질문을 덧붙여 아이에 관한 대화까지 연결해볼 수 있다.

사실 나눔이 충분히 되었다면 의견과 감정을 표현하는 단계로 진입해보자. 아이가 신나서 기관 생활에 대한 여러 가지 이야기를 하다 보면 어느새 자신의 감정을 터놓게 된다. 아이가 긍정적인 감정을 털어놓을 때는 그 감정에 엄마도 함께 빠져서 기뻐하고 즐거워하면 되지만, 때로는 부정적인 감정을 말할 때도 있다. 그런 감정이 도덕적으로는 수용될 수 없는 성질의 것일 수도 있다. "학교를 폭파시킬 거야", "그 아이가 없어졌으면 좋겠어"라고 표현할 때 어느 선까지 엄마가 아이의 이야기를 받아주어야 하는지 난감하다. 그럴 때는 그 이면의 감정에만 공감해주자. "그만큼 학교가(친구가) 싫었구나"라고 아이의 부정적인 감정도 부정하지 않고 읽어주는 것이 좋다. 아이는 그런 표현을 현실화하고 싶다기보다는 그만큼 마음이 격한 상태라는 것을 표현하고 싶을 뿐이다. 우선 부정적인 감정을 수용한 후, 해결책을 찾아보고 표현을 수정해주는 것이 좋다.

이 정도까지만 대화가 이어져도 아이와의 관계는 탄탄하게 유지된다. 설사 이렇게 대화가 이어지지 않는다 해도 실망하지 말자. 인지적인 사고를 요하는 질문은 전두엽에서 처리할 수 있는 단계의 질문인데, 앞서 살펴본 것처럼 이 전두엽은 성인이 되어서야 완성된다고 한다. 그러니 아이에게 무슨 질문을 해도 "몰라"라는 답이 되돌아오는 것은 어쩌면 당연한 일인지 모른다. 아이의 발달 과정을 이해하고 접근하면 마음이 한결 편해진다.

아이가 혼자 힘으로 움직이지 못하고 누워 있는 아기일 때, 엄마는 아이의 옹알이에도 적극적으로 반응해주면서 아이와 눈을 맞추고 이야기를 나눈다. 사실상 엄마가 아이에게 고백을 가장 자연스럽게 많이 했던 시기다. 하지만, 정작 아이가 대화 가능한 나이가 되면 엄마는 일상생활에 꼭 필요한 지시만 아이에게 전달한다. 우리가 하루 중 아이에게 하는 말을 되새겨보면, "밥 먹자", "씻었니?", "숙제했니?", "이제 자자"의 틀을 벗어나지 못하니 말이다. 아이가 신생아였을 때보다 지금이 더 바쁜가? 오히려 지금이 아이와 손을 잡고, 눈을 맞추고 이야기하기 좋을 때다. 아이 눈을 들여다보며 "엄마 아들(혹은 딸)로 와줘서 고마워"라고 애정을 표현해보자.

당장 아이가 예쁘게 보이는 면이 하나도 없을 수도 있다. 생활 속에서 아이의 장점을 찾아보고, 시간이 될 때 꼭 끄집어내서 이야기해주자. "지난번에 동생이랑 너무 잘 놀아주더라. 역시, 우리 아들은 참 배려심이 깊어"라고 의식적으로 아이의 좋은 점을 찾아보고, 억지로라도 칭찬할 거리를 찾아보자. 아이가 삐딱하게만 굴어서 장점을 찾기 힘들다면 귀여웠던 어린 시절 사진을 보면서 대화를 해도 좋다. "넌 정말 잘 웃어서 귀여운 아기였단다. 주위 사람들도 너를 보면 저절로 웃음이 나왔지"라고. 잔뜩 짜증을 부리던 아이도 머쓱한 웃음을 짓게 될 것이다. 분위기가 부드러워지면 "사랑해"라고 애정 표현을 해주고, 엉덩이 한번 툭툭 쳐주면 된다.

아이와 대화를 할 때, 엄마가 일방적으로 아이의 감정만 헤아리기는 불가능하다. 엄마도 사람이기에 대화를 하기 힘들 때도, 아이 이면의 감정을 읽어낼 수 없을 때도 당연히 있다. 그럴 때는 엄마도 잠시 쉬어가자. 다만, 아이에게 명확하게 상황을 알려줘야 한다. 아이는 엄마의 표정, 분위기를 통해 기분을 알 수 있지만, 그 배경을 정확하게 이해하지는 못한다. 어른에게 기대하는 것처럼 아이에게도 같은 기준으로 이심전심을 기대하면 안 되고 할 말은 분명하게 전달해야 하는 것이다. 예를 들면, 컨디션이 좋지 않을 때는 "엄마가 몸이 너무 안 좋으니까 좀 쉴게"라고, 너무 바쁠 때는 "엄마가 나중에 이야기 들어줄게"라고 명확하게 이야기하자. 마음의 여유가 없을 때는 "엄마 잠깐 머리 식히고 나서 이야기하자"라고 대화를 잠시 끊어주는 편이 낫다. 그래야 아이를 다시 품을 수 있다.

아이 역시 엄마도 쉼이 필요한 사람, 완전하지 않은 사람, 하지만 힘든 시기가 지나면 여전히 나를 헤아려줄 사람이라는 깨달음을 얻게 된다. 이런 휴지기를 가지는 것이 결국 아이와 엄마의 관계에도 긍정적인 영향을 주기에, 엄마도 자기 자신의 감정을 챙기며 대화하는 것이 좋다. 다만, "나중에 이야기 들어줄게"라고 했다면 여유가 생길 때 충분히 들어줌으로써 만회를 해야 한다. 나중으로 미루는 순간들이 잦아지면 아이는 입을 닫아버릴 것이다.

사실, 관계를 강화하는 말하기 비법은 따로 있지 않다. 아무리 입으로 아이에게 사랑한다고 고맙다고 해도 아이를 향한 엄마의 마음이 열리지 않으면 소용이 없다. 엄마의 말이 입에 발린 말인지, 마음에서 우러나오는 말인지 아이는 대번에 알아차린다. 결국 정답은 엄마의 마음에 있다. 아이를 키우다 보면 언제나 아이가 예뻐 보일 수가 없다. 그럴 때는 아이를 예뻐하려는 노력 이전에 나와 아이의 마음을 살펴볼 필요가 있다. 아이를 그 자체로 받아들이지 못하는 이유도 결국 내 안에 있기 때문이다.

엄마는 마음속에 이상적인 아이의 모습을 빚어놓고, 그 모습에 도달하지 못하는 현실 속 아이의 모습에 불만을 품는다. 산만해서 가만히 있지 못하고 여러 가지 활동에 관심이 많은 아이가 내 아이인데, 이상화된 아이의 모습은 한 가지 일에 몰두하고 진득하게 앉아서 집중하는 아이다. 그 아이는 내 아이가 아니다. 상상 속의 아이다. 마음속에 그린 이상적인 아이 모습과 현실 속에 존재하는 진짜 내 아이 모습의 간극을 똑바로 바라보고 느끼는 과정이 필요하다. 그리고 그 과정에서 결국 변해야 하는 사람은 아이가 아닌 엄마다. 아이를 이상화한 이미지에 끼워 맞추려고 하면, 아이는 그 과정에서 부정적인 자아상이 생기고 자존감에 상처를 입는다. 엄마조차 자신의 모습을 인정해주지 않는데, 어찌 아이가 자신을 사랑할 수 있겠는가. 엄마가 아이를 받아들이는 것이 관계의 기본이고 시작이다.

또한, 아이에게 어떤 프레임을 씌우지 말고 아이의 행동을 되도록 긍정적으로 해석해보자. 아이는 부모가 자신을 바라보는 대로 성장한다. 아이가 스스로 '나는 산만한 사람이야'라고 주눅이 든 채 크기를 바라는가, '나는 호기심이 많아서 그래'라고 긍정적인 에너지를 가진 사람으로 크기를 바라는가. 내 배에서 나온 내 아이를 그 자체로 받아들일 때, 아이와 진정으로 마음을 나누는 대화가 가능하고 관계가 유지될 수 있다. 결국 관계를 강화하는 법은, 말하기 기술에 달린 것이 아니라 엄마의 마음에 달린 것이다.

아이룰 지지하는
칭찬과 격려

아이의 기본적 욕구(생리적, 안전, 소속, 애정 욕구 등)를 어느 정도 충족해준 이후에는, 아이가 단단한 내면을 기반으로 스스로 세상에 맞설 수 있게끔 해주어야 한다. 아이가 세상에 나가 맞닥뜨릴 고난과 어려움을 매번 부모가 대신해줄 수는 없기에, 가정에서 아이를 품을 수 있을 때 올바른 칭찬과 격려로 아이를 지지해주어야 한다.

칭찬을 잘하려면 '결과'보다 '과정'에 초점을 맞추라는 사실은 많이 알려져 있다. "100점이구나. 잘했어"라고 시험 점수만 칭찬하지 말고, "어제 졸려도 참고 끝까지 공부하더니 100점을 맞았네. 대단해"라고 칭찬해주라는 것이다. 또한, 칭찬의 기준은 외부에서 찾지 말고 '아이'에게 맞추자. 학급 평균을 밑도는 성적을 받아왔어도 아이의 지난 시험보다 점수가 높아졌으면 아이를 칭찬해주자(물론, 도를 닦는 마음이 필요하다는 것을 나도 잘 안다).

더 나아가, 아이가 달성하지 못한 일에 대해서도 칭찬할 수 있어야 아이가 진정으로 성장할 수 있다. 예를 들어, 자전거를 배우며 시행착오를 겪고 있는 아이라면 완벽하게 혼자 자전거를 타지 못하더라도 "지난번보다 자전거 바퀴를 굴리는 힘이 훨씬 좋아졌어. 곧 혼자 탈 수 있을 거야"라고 칭찬해주면 아이는 실패했다고 생각하지 않고, 다음을 위한 기회로 받아들이게 된다. 칭찬은 이처럼 구체적일수록 효과가 크기 때문에, 아이를 잘 관찰하는 것이 중요하다. 아무리 장점이 없는 아이일지라도 아이만이 가진 무언가가 있다. 지금은 아주 작은 빛에 불과한 그 장점을 찾아내어 칭찬해주면, 아이는 어느 순간 그 장점을 키워 반짝반짝 빛내고 있을 것이다.

큰아이의 경우, 칭찬을 많이 받으며 자랐다. 양가의 첫 손주라 가족에게는 물론이고, 모범생 기질이 있어서 규칙, 규범을 잘 지키는 아이의 성향 덕분에 주변 사람들에게서 "똑똑해, 착해"라는 말을 많이 들었다. 그런데 초등학교 2학년이 되어 수학 문제를 함께 푸는데, 조금만 문제가 어려워도 짜증을 내고, 그러다 문제를 틀리면 화를 내는 모습을 보였다. 아이는 지금껏 자신은 잘하는 아이, 칭찬받는 아이라는 자아상에 익숙했는데, 그렇지 않을 때도 있다는 것을 받아들이기 힘들어했다. 아이가 어찌 모든 영역에서 뛰어날 수 있겠는가. 하지만 아이는 지금껏 그랬듯 잘해서 모두에게 칭찬을 받고 싶은데 그렇지 않을 때 스트레스를 많이 받았다. 지금은 아이도 자신을 둘러싼 칭찬의 겹을 뚫고 나오는 데 시간이 필요할 거라 생각하고 기다리고 있다. 이처럼, 과도한 칭찬은 오히려 아이 스스로가 자신에게 높은 기준을 세우고 그 기준에 부합하지 못하면 받아들이지 못하는 부작용을 낳기도 한다. 주위의 기대를 무너뜨리지 않기 위해 어려운 과제에는 도전하지 않으려 하는 성향을 보이기도 한다. 칭찬에도 균형이 필요한 것이다.

만약 엄마가 피곤하고 힘들어서 마음의 여유가 없을 때는, 평가하지 말고 아이가 한 행동을 있는 그대로 이야기해주어도 좋다. 아이가 그림을 그리고 색칠을 한 결과물을 가지고 와서 칭찬받고 싶어할 때는 "꼼꼼히 색칠했네", "이 부분이 특히 예쁘네"라는 식으로 사실만 전달해주어도 된다. 입에 발린 칭찬을 억지로 할 필요는 없다. 엄마가 진심으로 하는 말인지, 마음에 없는 말인지는 아이가 먼저 알기 때문이다. 아이의 자존감을 키워주려고 억지로 하는 칭찬은 역효과만 낼 뿐이다.

또한, 아이의 발달 속도에 맞게 칭찬도 바뀌어야 한다. 사춘기에 들어선 아이에게 "이렇게 끈기 있게 책상에 앉아 있다니 대단해"라고 마음을 담아 이야기해도 아이는 그저 짜증으로 응수하곤 한다. 기본적으로, 칭찬이나 훈계는 아이와 부모의 관계가 상하 관계라는 전제 하에 가능한 말하기다. 하지만 사춘기 아이는 부모가 완벽하지 않은 존재라는 것을 알고, 자신도 미완성이지만 자아가 어느 정도 형성이 된 사람이라는 자각이 있기 때문에 일방적인 상하 관계를 거부하고 자신을 대등한 관계로 봐주기를 원한다. 회사 후배가 프로젝트를 성공적으로 이끌었을 때, "프로젝트를 위해 야근도 많이 하고 노력하더니 결국 성공했네. 너무 멋져"라고 하기보다 어깨 한번 툭툭 치며 "수고했어"라고 말하는 것과 마찬가지다. 사춘기 아이에게는 구구절절 칭찬을 늘어놓기보다 "고마워"라고 심플하게 말하거나 '엄지 척' 한번 날려주는 것이 훨씬 적절하다.

생각보다 아이를 대등한 존재로 보아야 하는 시기는 빨리 찾아온다. 아이가 10살만 되어도 부모의 말을 곧이곧대로 따르지 않으려 한다. 청소년기 아이들은 자신의 생각, 또래들 사이에서 옳다고 통용되는 생각을 부모의 생각보다 우선순위에 놓으면서 조금씩 자립을 준비한다. 그렇기 때문에 아이가 클수록 부모가 외적(주로 물질적)인 동기로 아이의 행동을 변화시키는 방법도 잘 통하지 않게 된다.

어린아이에게는 "공부 잘하면 게임기 사줄게"와 같은 말이 순간적으로 효과가 있겠지만, 아이가 크면 부모에게 상이나 벌로 조종당하고 있다는 것을 대번에 간파하기 때문이다. 아이를 이런 상벌로 조종하기 시작하면, 점차 상의 스케일이 커지고 벌의 정도가 강해져야 아이가 겨우 움직이게 된다. 부모는 아이를 사랑한다는 핑계로, '다루기 쉬운 아이'로 길들이고 있는 것은 아닌지 생각해봐야 한다. 어렵지만 아이가 마음을 스스로 바꿀 수 있게끔 내적 동기를 부여해야, 부모도 아이도 성장할 수 있다. 아이가 어른이 되어 회사 생활을 하게 되었을 때 승진을 위해서, 고과를 잘 받기 위해서, 연봉을 올리기 위해서 등 오직 외적 동기만을 위해 살아간다고 생각하면 슬프지 않은가.

반대로, 아이가 성과를 거두지 못했을 때 잘 격려하는 것도 중요하다. 만약 아이가 거둔 결과가 엄마 성에 차지 않는 것일지라도 그 판단은 아이의 몫이어야 한다. 아이가 세운 목표에 부합한다면 아이는 만족할 것이고, 그렇지 않다면 엄마는 적절하게 격려해주어야 한다. 아이가 받아쓰기에서 70점을 맞아 왔다고 하자. 70점이라는 점수가 아이의 목표 수준인지 아닌지를 확인한 후, 목표 이하라면 앞으로 그 목표를 달성하기 위해 어떤 방법으로 노력하면 좋을지를 함께 이야기하면 된다. 구체적으로 콕 집어서 '받아쓰기 전날 해당 급수표 3번 써보기'와 같은 방법을 실행해보기로 하자. 아이에게 마냥 '너는 할 수 있어'라고 이야기하는 것은 진정한 격려가 아니다.

엄마나 아빠 혹은 다른 가족 구성원의 경험을 공유하는 것도 좋은 방법이다. "엄마도 어렸을 때 자전거 배우는 데 시간이 많이 걸렸어. 너처럼 5살에는 다리에 힘이 안 들어가서 바퀴를 굴릴 수가 없었는데, 6살이 되니까 혼자 바퀴를 굴릴 수 있었어"라고 성장 경험을 이야기해 주면, 아이는 상황을 쉽게 수용하고 용기를 얻는다. 칭찬과 마찬가지로 격려도 구체적으로 해야 효과가 있는 것이다.

또한, 아이와 직접 대화를 나누지 않더라도, 아이의 자존감을 해치는 표현을 쓰지 않는 것이 좋다. 아이 친구들과 엄마들의 모임에서는, 자연스럽게 아이들의 학업 성취도에 대한 이야기가 흘러나오게 된다. 어떤 아이는 경시대회에 나가서 상을 받았고, 또 어떤 아이는 들어가기 어렵다는 학원 테스트를 통과했다고 하는 등의 이야기를 듣다 보면 내 아이는 괜찮은 건가 하는 마음이 든다. 우리나라의 문화적인 특성상 자신의 아이를 낮추어 이야기하는 것이 겸손해 보이기도 한다. 그런 생각에 엄마는 "우리 아들(딸)은 아직 학교에서 배우는 진도도 못 따라가는데, ○○는 정말 대단하네요"라는 셀프 디스를 서슴지 않고 한다. 아이가 노느라 듣지 않고 있는 것 같지만, 사실 아이는 다 듣고 있고 엄마가 자신을 '학교 진도도 못 따라가는 아이'라고 친구 엄마들 앞에서 프레임 지은 것을 다 알고 있다. 그리고 이런 일들이 반복되면 실제로 자신을 그 프레임 안에 넣는다.

아이가 없는 자리에서도 아이의 부족한 점은 조심스럽게 전달하자. 선생님과 아이에 대한 상담을 할 때에도 아이의 단점만 부각시켜서 이야기하지 말아야 한다. "우리 아이는 소심해서 발표도 못하고, 체육도 싫어해요"라고 단점만 이야기하기보다 "우리 아이는 낯을 가려서 발표할 때 목소리가 작고 발표를 즐기지 않지만, 한 달 정도만 지나면 괜찮아져요. 체육 활동은 구기 종목은 겁을 쉽게 먹어 좋아하지 않지만, 다른 종목은 괜찮아요"라고 말하는 것이 좋다. 아이가 할 수 있는 선을 말하고, 단점이 있지만 어떤 식으로 도움을 주면 극복할 수 있다는 점을 전달하면 선생님도 아이에 대한 선입견을 가지지 않을 것이다. 선생님과 친구들에 의해 아이가 직간접적으로 자존심에 상처를 입을 수 있다는 점을 기억하고 아이의 주위 사람들을 대하는 편이 좋다.

아이와 어떤 대화를 나누든지 진정한 마음을 담은 태도가 가장 중요하다. 대화의 내용은 교과서처럼 정석을 담고 있더라도, 대화를 하는 사람의 눈빛, 표정, 말투에 마음이 깃들어 있지 않으면 아무 소용이 없다. 반대로 대화 내용이 앞서 언급한 내용과 조금 반하더라도 아이에 대한 마음이 진정으로 깃들어 있다면, 아이는 부모의 그 마음을 느끼게 된다. 결국, 아이를 존중하는 마음, 든든하게 지지해주고 싶은 마음, 있는 그대로의 모습을 사랑하는 마음이 중요하다.

엄마와 아이의 마음이

다치지 않는 훈육

순하지 않은 아들 둘을 키우면서 우리 부부에게 '훈육'은 항상 고민거리였다. 군인처럼 강하게 말을 해야 아이들이 움직인다는 생각이 한동안 우리를 지배했다. 하지만 이런 방식은 첫째가 초등학교에 가면서부터 역효과를 내기 시작했다. 아이는 누를수록 튕겨 올랐다.

"내가 왜 그래야 되는데? 내가 뭘 잘못했는데? 엄마는 왜 그렇게 안 하는데?" 아이는 간단한 지시 사항도 순순히 따르지 않고 눈을 부릅뜬 채 날 선 말을 내뱉곤 했다. 그럴 때마다 내 머릿속에는 여러 가지 생각이 오갔다. '여기서 내가 지면 나를 우습게 볼 거야'라는 불안감과 '네가 이기나 내가 이기나 해보자'라는 오기가 들면서 내 목소리는 점점 커졌고 대결 구도도 더 격렬해졌다. 매도 들어보고 생각하는 자리에서 일정 시간 반성하게 하고 반성문도 쓰게 했지만, 큰 효과가 없었다. 문득, '이렇게 효과도 없고, 관계만 나빠지는 훈육을 나는 왜 하고 있지?'라는 생각이 스쳤다.

많은 심리학자가 이런 강압적 방식의 훈육은 일시적으로 상황을 개선하는 것처럼 보이지만, 실제로는 상황을 더 어렵게 만든다고 한다. 큰소리로 훈계했을 때 아이는 당장 일어나서 움직이지만, 그것은 이후에 떨어질 엄마의 불호령이 무서워서이지, 아이가 자발적으로 올바른 행동을 하기 위해서가 아니다. 이런 상황들이 반복되면 아이는 점점 더 강한 통제나 압력을 주어야 움직이게 된다. 장기적으로 아이의 자발적인 변화를 이끌어내기 위해서는 다른 방식으로 훈육해야 한다.

아이도 어른과 마찬가지로, 기분이 좋아지면 행동이 좋아지고, 자신과 가까운 관계를 맺고 있는 사람의 말은 비교적 잘 받아들인다. 반대로, 아이를 혼낼수록 아이는 기분이 나빠져서 '저 말은 절대로 안 들을 거야'라는 반발심이 생기고, 부모와의 거리가 멀어질수록 부모의 생각을 따르지 않게 된다. 나와 첫째의 힘겨루기 상황이 바로 그러했다.

교육 전문가들은 일정 시간 동안 반성하게 하는 '타임아웃'도 효과가 없다고 한다. 타임아웃은 이미 벌어진 일에 대해서 생각하기 때문에 과거 지향적이며 앞으로 어떤 올바른 행동을 해야 할지에 도움이 되지 않는다. 무엇보다 아이들은 타임아웃을 제대로 할 만큼 인내심이 없어서 중간에 각종 핑계를 대며 방을 들락날락한다("물 마실게요", "화장실 갈게요" 등등).

체벌은 더욱 지양해야 한다. 아이를 한번 때리기 시작하면, 부모는 계속 힘으로 아이를 굴복시키고 싶은 충동을 느끼게 된다. 매를 들면 그 상황이 쉽고 빠르게 종결되기 때문이다. 하지만, 그 상황을 들여다보면 사실 부모도 어떻게 해야 할지 몰라서 매를 들고, 그런 마음이 들킬까 봐 매를 들고, 자신의 충동을 제어하지 못해서 매를 든다. 어떤 경우든 체벌은 폭력이지, 교육이 아니다. 그렇다면 도대체 어떻게 훈육해야 아이도, 부모도 마음을 다치지 않으면서 올바른 행동을 이끌어낼 수 있을까.

아이가 떼를 쓰는 상황에 대처하기 위해서는 첫째, 차분함을 유지하고 제한된 선택지를 제공한다. 둘째, 그것에 따르지 않고 아이가 다시 어길 때는 어떤 일이 일어나는지 이야기해준다. 마지막으로, 그 선택지에 따르지 않을 때는 실행한다.

아이와 마트에 갔을 때, 아이가 간식을 사달라고 조르며 떼쓰는 상황을 한 번쯤은 겪었을 것이다. 이런 경우 마트에 가기 전에 아이에게 제한된 선택지(경계 설정)를 주고 합의를 한다. "오늘은 사탕과 초콜릿 중 하나만 사줄 거야. 그것 외에 다른 간식을 사달라고 떼를 쓰면 우리는 집에 갈 거야"라고 말이다. 하지만, 마트에 들어간 아이는 다양한 간식을 보자 엄마와의 약속을 잊고 떼를 쓰기 시작한다. 다시 약속한 바를 알려주고도 아이가 진정되지 않으면 그대로 마트를 나온다. 많은 부모가 "이제 너랑 이런 데 안 올 거야. 이제 너 데리고 외출 안 할 거야"라는 말을 내뱉지만, 실제로 실행할 수 없는 말은 하지 않아야 한다. 현실에서는 또 아이와 외출을 해야 하고, 아이는 부모의 이런 말들이 공수표란 것을 금세 깨닫게 된다.

반대로, 예로 들었던 마트 상황처럼 실제로 부모가

설정한 선을 지키는 과정이 반복되면 아이는 엄마의 행동이 진심이라는 것을 느낄 수밖에 없다. 아이가 넘을 수 있는 경계선인지 아닌지를 계속해서 시험하지만, 그때마다 엄마가 그 선은 넘을 수 없다는 것을 단호하게 알려주면 아이는 몇 번의 시도 후 경계선을 비로소 인지하게 된다.

아이가 게임이나 유튜브에 빠져 있을 때도 마찬가지다. "언제까지 할 거야?"라고 다그치는 것은 소용이 없다. "하루에 게임은 30분 하기로 했어"라고 사전에 아이와 함께 세웠던 제한된 선택지를 일깨워준다. 그럼에도 상황이 종결되지 않는다면 "오늘 게임을 30분 넘게 하면 내일 게임은 없어"라고 이야기해주고, 그대로 실행해야 한다. 다만, 이 대화는 간결하고 단호하되 차분해야 한다. 감정을 실어서 이야기하는 순간 아이도 억눌린 감정을 표출하기 때문이다.

하지만 모든 규칙을 선택지를 주고 자발적으로 행동할 때까지 유도하는 방식으로 지키게 할 수는 없다. 어른이 꼭 가르쳐야 하는 규칙, 선택지가 없는 규칙에 대해서는 권위를 가지고 전달해야 한다. '권위'란 어느 개인이나 조직이 사회 속에서 일정한 역할을 담당하고 그 사회 구성원들에게 널리 인정되는 영향력을 가진 것을 의미한다. 부모가 일방적으로 부모라는 지위를 활용해 휘두르는 영향력은 '권위주의'이며, 권위와 권위주의는 구분해서 사용해야 하는 것이다. 부모가 긍정적인 방향으로 훈육할 때에도 부모의 권위를 잃어서는 안 되며, 특히 아이가 안전을 위협하는 행동, 다른 이에게 피해를 주는 행동을 할 때는 권위를 사용해야 한다. 아이의 자율적인 선택이 스스로 책임질 수 없는 범위에서 이뤄질 경우 빈틈없이 제재하는 것이 부모의 의무다.

다만, 훈육을 둘러싸고 감정과 감정이 맞부딪쳐 서로 마음에 상처를 주는 일은 최소화하는 것이 좋다. 만약 아이와 언쟁이 격렬해지거나 서로 팽팽한 힘겨루기로 마음이 다칠 위기에 처했을 때는, 아이와 잠시 떨어져 각자의 공간에서 시간을 두고 마음을 가라앉히는 것도 좋은 방법이다. 이 방법은 아이가 잠시 혼자 있을 수 있는 연령일 때 적용해볼 수 있다. 화가 나거나 감정이 격해지면 이성을 담당하는 전두엽이 기능을 멈추고, 열이 오르고 가슴이 두근거리는 육체적 감각만 남는다. 이럴 때는 이성의 뇌가 그 기능을 회복할 때까지 잠시 머리를 식히면 도움이 된다.

아이를 훈육하다 보면 엄마도 사람인지라 어쩔 수 없이 화라는 감정과 맞닥뜨리게 된다. 화라는 감정이 올 것 같으면, 아이와 다른 가족들에게 공표하자. "내가 지금 화가 3 정도 났어"라고 신호를 보내자. 그래도 상황이 바뀌지 않으면 "지금 6 정도로 화가 올라갔어. 더 올라가면 소리 지를 것 같아"라고 경고한다. 엄마의 화를 수치화해서 이야기하거나 신호등에 빗대어서 초록불, 노란불, 빨간불로 표현해도 좋다. 단계적으로 경고함으로써 자신의 감정을 컨트롤할 수도 있고, 아이도 스스로 경계선을 그을 수 있도록 하는 것이다. 아이뿐 아니라 엄마의 감정을 보호하는 것도 중요하다.

또한, 엄마의 감정을 솔직하게 전달하는 것이 좋다. 아이가 문제를 일으킨 상황보다 엄마의 감정에 초점을 맞춘 '나 대화법'을 사용하면 아이의 인격을 공격하지 않으면서도 엄마의 메시지를 전달할 수 있다. "네가 엉망으로 만들었잖아"보다 "거실이 엉망이 돼서 엄마 기운이 빠지네"라고 이야기하는 것이다. 억지웃음을 지으며 표정과 말이 다른 메시지를 전달하기보다는 솔직하게 이야기하는 편이 낫다.

마지막으로, 조급한 마음을 내려놓자. 완벽하게 하려

는 마음을 버리자. 아이의 마음을 매번 완벽하게 알아차리고, 알맞은 말하기를 하는 엄마는 없다. 오히려 엄마도 사람이기에 부족한 점이 있다는 것을 아이도 알게 해야 한다. 엄마가 수없이 노력해도 아이의 행동이 변하지 않는다면, 차라리 아이에게 어떻게 해야 할지 직접 물어보자. 아이의 생각을 들어보고, 함께 방법을 찾아보자고 제안하자.

현실적으로 아이와의 대화에서 골든타임은 단 1분이라고 한다. 1분 이상 아무리 마음을 담아 이야기해도 아이가 귀담아듣지 않는다는 것이다. 엄마의 잔소리가 아이에게 1분 이상 들리지 않는 것이 현실이라면, 엄마의 그 에너지를 다른 곳에 쓰자. 지시하고, 훈계하고, 화내고 나면 괜히 내 머리만 아프고, 내 배만 고프다. 소리 지르는 대신에 좋아하는 음악을 듣고, 향기로운 커피 한잔하면서 나를 위한 시간을 가지며 마음을 다스리자. 조금 내려놓아도 큰일 나지 않는다.

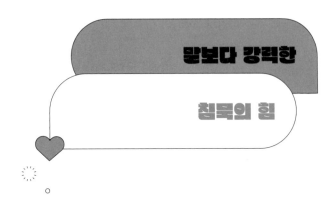

말보다 강력한

침묵의 힘

때로는 말보다 침묵의 힘이 더 강할 때가 있다. 육아도 마찬가지다. 처음에는 그런 의도로 시작한 말이 아닌데 때로는 오해를 불러일으키는 것이 말이고, 때로는 사랑하는 사람들의 마음을 헤집는 것이 말이다. 그저 지켜봐주는 것. 어쩌면 그것이 말보다 효과적일 때가 많다.

사실 "오늘 뭐 했어?", "어떤 마음이 들었어?"라는 질문을 통해 답을 얻을 수도 있지만, 아이의 일상을 관심 있게 들여다보면 의외로 거기에 답이 있는 경우가 많다. 아이 책가방 속 흔적들, 아이의 말과 행동들을 보면

"오늘은 학교에서 좋아하는 만들기를 했네. 흥얼거리는 걸 보니 기분이 좋구나" 하고 짐작할 수 있다. 물론, 아이가 흔쾌히 대답해주면 가장 좋지만, 어린아이는 상세하게 일상을 전하는 것을 힘들어하고, 어느 정도 전달이 가능한 나이가 되면 엄마에게 일상을 시시콜콜 이야기하는 것을 귀찮게 여기기 때문에 곁눈으로 관찰하기 기법은 육아에 꼭 필요하다. 아이를 지켜볼 때도 겉으로는 무심한 척 하는 것이 포인트다. 자신만의 세계를 일구기 시작한 아이는 부모의 시선도 부담스럽게 느끼고 그 세계의 문을 꼭꼭 닫아버릴 수 있기 때문이다.

부모는 아이가 다른 아이들과 함께 놀고, 공부하고, 생활할 때, 부모가 곁에 없는 시간에도 아이가 행복하길 바란다. 하지만 정작 내 아이가 다른 아이들과 함께 노는 모습을 지켜보면 다른 아이와 비교하는 마음, 조급한 마음이 생기기 일쑤다. 놀이터에서 우리 아이만 어울리지 못하는 것 같고, 체육대회에서 우리 아이만 적극적으로 참여하지 못하는 것 같고, 학교에서 우리 아이만 느린 것 같다. 그럴 때 엄마의 몸보다 입이 먼저 움직인다. "저기 가서 친구들이랑 놀아", "좀 빨리 달려", "계산 빨리 해" 등등. 없는 사회성을 만들어서 놀라고 하고, 없는 운동 신경을 만들어서 뛰라고 하고, 없는 연산 능력을 만들어서 계산하라고 부추긴다. 부모인 우리의 어린 시절을 돌이켜보면, 꼭 공부하려고 할 때 엄마가 "공부해"라고 이야기하고, 그러면 공부하고 싶은 마음이 싹 사라졌던 기억이 있을 것이다. 아이도 같은 마음일 것이다. 자신도 그렇게 하고 싶은데, 엄마가 조급증을 담아 아이의 등을 떠밀 때, 아이는 하고 싶은 마음조차 휘발되어버리는 느낌을 받는다. 아이도 하고 싶은 마음은 있지만 아직 시간이 필요한데 엄마는 '지금' 변화하는 모습을 보여달라고 하니 그 기대치에 부응하지 못하는 것일 수도 있다.

나 역시 놀이터에 아이들을 데리고 나가면, 소심하고 예민한 편이라 한참을 빙빙 돌기만 하고 섞여서 놀지 못하는 아이들을 보면서 답답하고 속 터질 것 같은 경험을 한두 번 한 것이 아니었다. 내 기준에는 놀이터에 오자마자 아무 형, 누나, 동생 들과 잘 노는 아이들, 모르는 어른들에게도 말 잘 거는 싹싹한 아이들의 성격이 최고로 부러웠다. 하지만 어쩌겠는가. 나와 남편 자체가 그런 외향적인 성격이 아니고 우리 아이들도 그렇게 태어난 것을. 그저 기다리는 수밖에 없었다. 한참 기다려도 아이가 같이 놀 친구를 찾지 못하면 슬쩍 가서 "이거 해 볼까? 저거 해볼까?" 손을 내밀긴 했지만, 기본적인 내 태도는 그냥 기다리는 것이었다. "왜 그렇게 못 놀아?", "그냥 놀면 돼"라고 이야기하는 것은 경험상 도움이 되지 않았다. 아이가 더 위축되고, 그러다가 손을 끌고 집에 가는 일이 태반이었기 때문이다. 놀이터에 아이들이 노는 모습을 한참 관찰하고, 눈치를 보다가 아이는 조금씩 조금씩 스며들기 시작했다. 집에 갈 때쯤에야 말문이 터지는 날도 있었지만, 얼굴을 익히는 친구가 생기자 소심한 모습으로 겉도는 시간이 점차 짧아졌다.

지금은 그런 모습이 많이 사라졌고, 놀이터가 최고로 재미있는 곳이라는 것을 알아버려서 힘들 지경이다. 가끔, 놀이터에 엄마나 할머니가 아이 손을 끌고 와서 "저기 친구 있잖아. 가서 인사하고 놀면 되지. 왜 그렇게 소심하니?" 하는 말을 연달아 하며 아이를 밀어 넣는 모습을 본다. 경험자로서 "기다려주세요. 시간이 필요해요"라고 말하고 싶다. 아이의 눈으로, 아이의 귀로, 아이의 손으로 보고 듣고 느낄 때까지 기다려주자.

감정이 너무 격해질 때도 입을 닫는 것이 낫다. 아이가 어떤 이유에서인지 마음이 힘들어서 징징대기 시작할 때, 엄마가 마음을 공감하려는 여러 말로 노력을 취했음에도 아이의 감정이 진정되지 않을 때는 잠시 기다리자. 아이 손을 잡으면서 "쉬이" 하는 제스처도 좋고, "워, 워" 하면서 가라앉히려는 포즈를 취해도 좋고, 그냥 아이 눈을 바라보며 차분하게 기다려도 좋다. "진정될 때까지 엄마가 기다릴게." 이 말만 해주고 기다리자. 아이가 스스로 마음을 진정시키는 경험은, 엄마가 위로해서 마음을 가라앉히는 경험보다 훨씬 값지다. 그런 경험들이 쌓이면, 아이는 부정적인 감정을 조절할 수 있는 사람으로 클 수 있게 된다.

반대로, 엄마의 감정이 흘러넘칠 때에도 말을 하지 않는 것이 낫다. 아이의 행동이나 말이 마음에 들지 않아서 왈카닥 퍼부을 때, 행동을 멈추고 잠시 머리를 식히자. 아이와 함께 있는 공간에서 나와서 다른 방에 가거나 가능하면 산책을 하는 식으로 몸을 움직이고, 입은 닫자. 감정이 격해지면 선을 넘는 말로 서로에게 상처를 주게 된다. 그럴 때는 차라리 자리를 피하고 진정이 된 뒤에 다시 찬찬히 이야기를 나누는 편이 낫다.

부모가 지켜보기만 하라는 뜻은 아니다. 지켜보다가 도움이 필요하다고 하면 재빨리 도움을 주면 된다. 아이가 감정을 삭이지 못해서 징징댈 때, 기다렸다가 따뜻하게 안아줄 수 있는 사람이 부모다. 아이와 서로 화를 마구 내고 나서 소강상태일 때, 좋아하는 간식 하나 슬쩍 내밀 수 있는 사람이 부모다. 꼭 말의 형태가 아니라도 아이의 마음을 쓰다듬을 수 있다는 이야기를 하고 싶은 것이다. 나 역시, 무뚝뚝하고 말로 표현을 잘하지 못하는 성격이라 '부모의 말하기'를 아무리 공부해도 현실에서 그런 말이 잘 나오지 않는다. 그럴 때는 제일 잘하는 것으로 마음을 표현하자. 나의 경우에는 맛있는 간식 챙겨주기가 오히려 오글거리는 말하기보다 더 쉬웠다. 간식 주면서 어깨 툭툭, 파이팅 한번 하는 일은 어렵지 않았다.

결국 말보다 진정한 마음이 핵심이다. 커뮤니케이션 전문가들은 말로 전달되는 감정은 7퍼센트이고, 나머지 93퍼센트는 눈빛, 말투, 억양, 태도 등으로 전달된다고 한다. 아무리 말을 잘하는 요령을 배워도, 마음이 담기지 않으면 아무 소용이 없는 것이다. 아이 마음을 공감해주기 위해 "~구나"라는 말을 많이 해주라고 해서, "네가 속상하구나", "네가 화났구나"라고 말해주어도, 말을 전달하는 엄마 마음이 진심이 아니라면 아이는 더 혼란스럽다. 엄마의 표정과 목소리는 내 마음에 관심이 없어 보이는데, 말로만 그렇게 마음을 읽어주는 척하니 오히려 더 화가 나기도 한다. 자신이 없으면 오히려 아무 말도 하지 않는 편이 낫다. 기다리고 지켜보자. 어느 정도 진정을 찾았을 때, "그때는 엄마도 사실 네 마음이 이해가 잘 안 됐어. 지금은 좀 괜찮아졌니?"라고 솔직하게 대화하자. 마음은 언제나 통한다.

부모 노릇은 참 어렵다. 언제 개입해야 하고, 언제 기다려야 할지 답이 없고, 아이의 상태, 시기에 따라 해야 할 말과 하지 말아야 할 말이 달라진다. 분명한 것은, 아이가 클수록 말을 많이 하기보다는 적당한 거리를 유지하면서 따뜻한 눈길을 주는 비중이 늘어나야 한다는 것이다. 우리가 부모가 된 지금도, 우리 부모님들은 우리를 언제나 슬쩍슬쩍 곁눈질로 보고 있다. 예전처럼 많이 이야기를 나누진 못하지만, 때론 바리바리 싸주는 반찬으로, 때론 아이를 대신 돌봐주는 수고로, 때론 뭉친 쌈짓돈으로, 우리 뒤를 든든하게 지켜준다. 그것이 부모의 마음이다. 이제 그 마음을 아이에게 베풀 차례가 아닐까.

7장 몸 움직여주는 요가

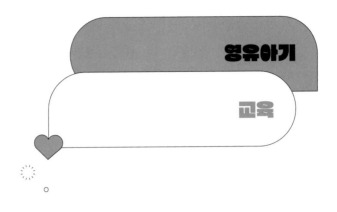

영유아기

교육

　아이를 낳고 나면 왜 그렇게 귀가 얇아지는 건지 모
르겠다. 조리원 동기, 친구, 지인들이 꼭 필요하다고 하
는 아이템들은 그리 많고, SNS에는 매일 지갑을 열게
하는 신박한 육아템들이 등장하며, 영업 사원들은 지
금 아니면 시기를 놓친다며 전집, 교구 구매를 부추긴
다. 다들 좋다고 하니까 전집을 수십 권씩 구입하고, 바
리바리 짐을 싸서 아이와 문화센터 수업을 듣는다. 지나
고 나서 생각해보면, 영유아기에 '꼭 해야 한다, 지금이
아니면 안 된다'는 논리는 그저 엄마의 불안감을 자극하

기 위한 상술이거나 아이에게 좋은 것을 다 해주고 싶은 엄마 만족감의 발로다. 아이 관련 물품을 안 사면 아이가 잘 안 클 것 같지만, 그렇지 않다. 오히려 앞서 살펴본 것처럼 지나치게 많은 자극으로 인한 감각 과잉이 해가 된다. 사실, 육아는 장비빨이 아니라 애착빨인데 말이다.

다양한 엄마들이 모여 있는 맘카페에도 "아이가 어릴 때 괜히 했다 싶은 것들 있으세요?"라는 글이 올라오면, 댓글이 주르륵 달린다. 유기농 간식, 고급 유모차, 수입 분유, 명품 옷, 문화센터, 전집, 유아 교육 프로그램, 호텔 돌잔치 등 돌이켜보니 큰 의미가 없었던 것들. 영유아를 키울 때는 비슷한 연령의 아이를 키우는 엄마들의 이야기에 휘둘리기보다 어느 정도 아이를 키운 선배 엄마들의 이야기에 귀를 기울이지. 공통적으로 하는 말에는 의미가 있다.

영아기 아이에게는 안전하고 편안한 환경을 조성해주는 것이 기본이 되어야 한다. 아이가 몸을 제 의지대로 가눌 때까지, 어떤 물건은 만져도 된다는 것을 인지할 때까지, 보호자들이 아이에게 안전한 환경을 만들어주고 지켜봐야 한다. 그 바탕 위에 신체적, 정서적 '밥'

을 잘 챙겨 먹이는 일이 더해져야 한다. 아이의 발달에 맞게 이유식, 간식 등을 먹이는 것이 신체적 성장을 위한 '밥'이다. 아이의 정서 발달을 위한 '밥'은 별다른 것이 없다. 바로, 엄마가 아이에게 자주 눈을 맞추고, 사랑을 담아 스킨십하고, 다정하게 말을 걸거나 노래를 해주는 것이다. 아무리 좋은 교구라도 엄마가 주는 감각(시각, 청각, 촉각 등)보다 뛰어난 효과를 지닐 수 없다. 영아기 아이에게는 엄마의 목소리, 따뜻한 손길, 사랑이 가득 담긴 눈 맞춤이 우주 그 자체이기 때문이다. 매일 아기가 밥을 먹고 신체적으로, 정서적으로 자라나는 모습은 생각만으로도 아름답다.

아이가 심심해한다면 도구가 필요하다. 단, 이런 도구들은 값비싼 교구일 필요가 없다. 앞서 말한 것처럼, 아이들은 비싼 장난감보다 부엌용품으로 더 오래 논다. 믹싱볼, 미역, 국수 등 생활 속에서 쉽게 찾을 수 있는 안전한 용품이면 충분하다. 유아들을 위해 만들어졌다는 유명 교구들도 결국 끼우기, 짝 찾기, 색깔과 모양 분류하기 등의 범주에서 만들어진 장난감이 대부분이다. 그런 교구를 몇십, 몇백 단위로 구매한 후 아이가 좋아하지도 않고, 효과도 모르겠다고 후회하는 경우를 많이 보았다. 물론 잘 활용하면 훌륭한 교구라는 데 이견이 없지만, 유아기 아이를 키우는 엄마는 앞서 말한 신체적, 정서적 밥만 먹이기에도 너무 바쁘다. 아이가 행여 다칠까, 이상한 물건을 입에 집어넣을까 주시하고, 이유식 먹이고 낮잠 재우고 씻기고 나면 기진맥진이 되는 하루의 연속이다. 그 일상에 굳이, 그런 교구들까지 비집어 넣는다면 엄마의 숨 돌릴 틈이 좁혀질 거라는 개인적인 생각이다.

　문화센터나 다른 교육 프로그램 역시 마찬가지다. 아이와 집 안에 있는 것이 답답하다면, 아이와 문화센터나 교육 프로그램에 나가도 좋다. 하지만, 아이의 교육에 큰 기대를 하기보다 아이와 콧바람 쐰다는 생각으로 부담 없이 가는 것이 좋다. 낮잠 자는 아이의 텀을 억지로 조절하면서, 교실 밖으로 니가고 싶은 아이를 억지로 데리고 다니면서 수업을 들으라고 강요할 필요는 없다. 2~3살짜리 아이가 아무 거리낌 없이 낯선 공간에서 낯선 사람들과 수업을 잘 듣기를 기대하는 것은 엄마의 욕심이다. 사실, 이 모든 이야기는 나의 경험이다. 나 역시 고맘때 칭얼대는 아이를 예쁘게 준비시키고 갔다가 아이가 잠들어서 기다리느라 시간을 보내기도, 기껏 가서 주변만 맴도는 아이를 보며 조바심을 내기도 했다. 사회성 발달을 걱정했던 그 아이는 지금, 가지 말고 쉬라고 해도 혼자 신나게 태권도 도장에 가서 형, 누나, 동생 들과 즐겁게 지내고 오는 아이가 되었다.

아이와 집에 있기가 힘들면 나무, 햇살, 아이들의 깔깔대는 소리가 가득한 놀이터, 공원으로 가자. 아이가 바람 소리를 들으며 흙을 만지고 풀 냄새를 맡게 해주자. 그것이 진정한 오감 발달이다. 아이 데리고 오감 발달 수업에 가봤자, 거기서 하는 일은 CD를 들으면서 인위적인 놀이를 하는 것이 전부다. 아이는 자연물로부터 에너지를 받고, 스스로 성장한다. 엄마 역시 아이와 실랑이하면서 에너지를 빼기보다 그 시간에 숨 돌릴 틈을 가지는 편이 낫다.

아이의 나이나 엄마의 상황에 따라, 아이를 기관에 보내는 시기가 달라진다. 엄마가 복직을 앞두고 있다면 또는 도움이 필요한 정신적, 신체적 상태라면 아이를 기관에 보내야 한다. 오히려 기관이 엄마와 아이의 생활에 완충 역할을 할 수 있다. 엄마는 엄마의 세계를 되찾고, 아이 역시 전문가의 보호 속에 안전하게 지낼 수 있으므로, 지나친 죄책감이나 불안감을 가질 필요는 없다.

엄마가 아이와 함께하는 시간에 민감하고 일관된 반응을 보여주고 양보다 질을 생각한 '퀄리티 타임'을 보내면 된다. 아이는 항상 엄마의 감정을 흡수한다는 사실을 명심하고 아이가 기관을 긍정적으로 인식할 수 있게 엄마도 씩씩하게 받아들이자.

다만, 기관을 선택할 때는 면밀하게 살펴보아야 한다. 국가 자격증이 있는지, 선생님들의 이직이 잦은지(근속 연수), 환경이 안전한지, 커리큘럼이 아이의 나이에 맞게 짜여 있는지, 원장 선생님의 철학이나 문제에 대처하는 방식이 어떠한지 다양한 측면으로 알아보자. 직접 그 기관에 보낸 엄마들의 입소문이 가장 정확하고, 다양한 정보를 취합하여 직접 찾아가서 상담을 해보면 어느 정도 확신이 생긴다.

또한, 엄마가 아이를 기관에 보내는 목적이 '보육'인지 '교육'인지에 따라서도 기관이 달라진다. 요즘은 영어에 대한 관심이 높아지면서 유아기부터 영어 유치원을 많이 보낸다. 영어는 언어이기 때문에 노출량에 비례하여 유창하게 말하고, 듣고, 쓰고, 읽게 되는 것이 당연하다. 하지만 최근 이런 교육열이 점점 과열되는 경향이 있다. 5~6세 아이들을 대상으로 테스트를 해서 아이들을 선발하기도 하고, 선착순으로 줄 세우기도 한다. 엄밀히 말해, 영어 유치원은 사설 학원이기에 유아 교육을 전공하지 않은 선생님들이 대부분이며 커리큘럼 역시 아이들의 기질, 개성보다는 아웃풋이 잘 나오기를 기대하는 엄마들의 눈높이에 맞춰서 짜여 있음을 명심해야 한다.

엄마들이 아이를 영어 유치원에 보내는 이유는, 영어는 리딩 지수, 시험 점수 등으로 정량화할 수 있는 영역이기 때문이다. 다른 유치원, 어린이집 등에서 하는 다양한 활동들도 아이들의 사회성, 창의성, 인지 발달에 긍정적인 영향을 미치지만 이는 계측 가능한 영역이 아니다. 한마디로 눈에 보이지 않는다. 하지만 영어 유치원을 보내면 아이가 발화(發話)하고, 문장을 쓰고, 줄줄 책을 읽는 것이 눈에 보인다. 그러니 많은 엄마가 영어 유치원을 추천하곤 한다. 하지만 이 시기에 영어 교육을 포함한 사교육은 가성비가 떨어진다는 것을 염두에 두자. 6세에 1년 배울 파닉스를 8세에는 3개월에 끝낼 수 있고, 7세에 6개월 걸릴 한글 떼기를 8세에는 3개월에 끝낼 수 있다. 아이가 클수록 담아낼 수 있는 그릇이 커지기 때문이다. 이 모든 선택은 결국 부모의 교육관과 아이의 상태에 맞춰서 이루어지는 것이다.

단, 한글을 다 떼고 나서 영어를 노출해야 한다는 고정관념에 사로잡히지는 말았으면 한다. 창의력 전문가 칼커린Kharkurin 교수는 여러 언어를 말하는 것은 지적 능력을 향상시키고, 더 정교한 인지 구조를 사용하기 때문에 인지적 융통성도 향상시킨다고 한다.

하지만 어떤 기관을 보내든지 아이를 세심하게 관찰해야 한다. 아이들은 선생님의 말투, 행동을 금세 모방하고 흉내 내며, 만약 말로 마음을 표현하기 힘들다면 문제 행동을 보이기도 한다. 우리 집 두 아들의 경우, 둘 다 어린이집 적응 초기에는 "나가게 해주세요" 같은 잠꼬대를 하기도 하고, 자다가 흐느끼기도 했다. 특히 첫째는 한글을 일찍 떼기도 했고 정적인 성향이라 잘 지낼 거라 생각하고 영어 유치원을 보냈는데, 학습 스트레스가 심해서 얼굴이 울긋불긋해지는 알레르기까지 올라왔다. 결국, 아이를 다른 유치원에 보냈고, 아이는 그곳에서 행복한 유년기를 보냈다. 우리 아이 외에 다른 아이들은 모두 무난하게 잘 지냈던 것을 보면, 결국 우리 아이의 기질과 그 기관이 맞지 않았던 것이다. 그러므로, 기관을 선택할 때에는 옆집 아이를 보지 말고 우리 아이를 잘 들여다봐야 한다.

아이가 매일 따끈한 밥을 잘 먹고 소화해 신체적, 정서적으로 쑥쑥 자라나 유아기에 들어서면, 엄마는 마음이 슬슬 조급해지기 시작한다. 유아기 아이들은 대개 기관 생활을 하는데, 그러면서 또래 집단이 생기고 인지적, 사회적, 신체적 발달을 비교할 일이 생긴다. "이 친구는 한글을 벌써 읽네. 저 친구는 말을 또박또박 잘하네" 하며 자연스럽게 내 아이의 발달 상황을 깨닫게 되는 것이다. 이런 불안한 마음들이 쌓이고 쌓이면서 엄마들은 사교육에 차차 발을 내디딘다.

유아기 아이는 공부라는 명목으로 책상 앞에 앉을 시간이 10년 이상 남아 있다. '우리 아이만 안 하고 있는 것 아닌가'라는 불안감으로, '우리 아이만 뒤처지는 것 아닌가'라는 조바심으로 아이를 학습으로만 밀어 넣기에 이 시기는 너무나 중요하다. 지면 학습은 조금 늦게 시작해도 어느 순간 따라잡을 수 있지만, 인성, 정서, 애착, 도덕성, 신뢰, 생활 습관 등을 아우르는 종합적이고 균형적인 발달은 이때가 아니면 다잡기 쉽지 않기 때문이다.

흔히 공부를 잘한다고 하면 '지능 지수'가 높아서라

고 생각하지만, 지능 지수순으로 성적이 나오지 않는 것이 현실이다. 공부를 잘하기 위해서는 인내심, 자기 통제력, 집중력, 회복탄력성 등 정서 활용 능력, 즉 정서 지능의 역할이 크다. EBS 다큐프라임 〈엄마도 모르는 우리 아이의 정서 지능〉에서는 정서 지능이 높은 아이들은 시험 중 비상벨이 울려도 다시 시험 상황으로 돌아와 문제를 해결하려는 능력이 높았고, 블록을 일부러 쓰러트려도 긍정적인 태도로 다시 블록을 쌓았다. 이처럼 정서 지능과 학업 성적은 관계가 깊어서 정서 지능이 높은 아이의 학업 성적이 높고, 특히 자기 주도적으로 호기심을 가지고 능동적 학습을 하는 최상위권 아이들은 공통적으로 정서 지능이 높다고 한다.

결국, 유아기 아이에게 가장 중요한 것은 공부는 재미있다는 마음이다. 새로운 지식을 알고자 하는 호기심, 어려워도 끝까지 하면 해결할 수 있다는 성취감 등을 통해, '나는 공부가 좋아. 잘할 수 있어'라는 긍정적인 정서 지능을 형성한다. 이런 긍정적 태도가 학습에 대한 마중물이 될 수 있도록 아이를 돕는 것이 유아기 부모의 몫이다. 마중물이 필요한 아이에게 너무 많은 양의 학습을 부어서 아이가 학습이라면 진절머리가 나게끔 하지 말자.

4~7세는 언어를 담당하는 측두엽이 발달하여 언어 능력이 과히 폭발적으로 성장하는 시기다. 언어라고 하면, '한글 떼기'에만 초점을 맞출 수 있지만, 한글은 도구에 불과하다는 생각을 가지는 편이 좋다. 한글 떼기가 늦다고 해서 아이를 채근하면 아이는 '한글은 싫어. 재미없어. 엄마는 한글 공부할 때 매번 화를 내'라는 부정적인 감정을 가질 수 있다. 한글을 모르는 아이의 경우, 오히려 책을 볼 때 문자에만 집중하지 않고 다양한 그림을 찾아내고 그를 통해 상상력을 펼칠 수 있다고 하니 아이가 관심을 가질 때 한글 공부를 시켜도 괜찮다.

또한, 책을 통해 아이가 다양한 생각과 세상을 마주할 수 있게끔 도와주자. '책은 읽을 만하다. 꽤 괜찮은 책도 있다'를 넘어서 '책은 재미있다'라는 생각을 만들어주면 금상첨화. 책 읽기를 싫어한다면 이 시기에는 가족들이 책을 장난감 삼아 즐겁게 노는 것도 좋다. 책으로 징검다리 건너기, 책으로 성 쌓기, 책 펼쳐서 많은 사람이 나오는 사람이 이기는 게임 등등 책을 꼭 읽지 않더라도 책에 대한 거부감이 생기지 않도록 하는 것이 중요하다.

영어 역시 알파벳, 파닉스 같은 활자는 도구일 뿐이

라는 것을 명심하고 아이가 영어를 재미있게, 즐겁게 받아들일 수 있는 기틀을 만들어주자. 요즘은 유아 영어 콘텐츠가 연령별, 단계별로 다양하다. 만화나 유튜브, CD, picture book, 동요 등 일상 생활에서 아이가 자연스럽게 영어를 접할 수 있는 매체를 활용하자. 영어 유치원을 다니다 그만두고 다른 기관으로 옮긴 첫째의 경우, 꾸준히 영어에 노출시켜 초등 저학년인 지금 영어가 크게 뒤처지지 않는다. 무엇보다 영어로 된 콘텐츠를 즐기는 데 거부감이 없고 영어를 좋아한다. 억지로 영어 유치원에 남았다면 영어를 도구가 아닌 학문으로 인식했을 것이고, 지금처럼 영어에 대한 긍정적인 정서를 남기기 힘들었을 것이다. 아이의 기질이나 성향에 맞는 다양한 방법을 시도해보자.

유아기 수학은 수, 공간 감각을 길러주는 방향으로 이루어지는 것이 좋다. 이 시기 아이들에게는 구체물(바둑돌, 큐브, 수 막대, 구슬, 과자 등)로 더하기, 빼기, 보수 개념 등을 익히게 하자. 과자가 열 개 있었는데 형이 과자를 여섯 개 먹었다면, 몇 개가 남았는지를 생각하게 하는 것이다. 생활 속에서 이런 상황들이 반복되면 '10-6=4'라는 식을 자연스럽게 도출하고 받아들이게 된다. 다양한 보드게임, 블록, 종이접기 놀이로도 아이의 수, 공간 감각이 발달한다.

영유아기 교육은 엄마가 중심을 잡는 것이 가장 중요하다. 다른 아이의 발달, 성취에 휘둘리지 말고 내 아이에게 집중하자. 긍정적인 정서 지능을 바탕으로 자라난 아이는 자랄수록 담아낼 수 있는 그릇이 커진다는 믿음으로 지켜보자.

마지막으로, 아이의 성취에만 매몰되지 말고, 엄마 자신을 위한 시간도 꼭 챙겨야 한다. 아이의 성취와 엄마의 숨 돌릴 틈 사이의 균형점을 찾아야 장기적으로 아이도, 엄마도 학습이라는 긴 레이스에서 지치지 않을 수 있다.

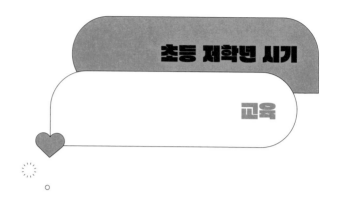

초등 저학년 시기

교육

　초등학교 입학은 아이와 엄마 모두에게 큰 전환기다. 초등학교는 그 전의 기관과 달리 아이가 혼자 해내고 부딪쳐야 하는 상황이 많다. 학급의 많은 아이를 일일이 선생님이 챙겨줄 수도 없고 그게 도움이 되지도 않는 연령이기에, 밥 먹기, 화장실 가기, 수업 참여하기, 교실 찾아가기, 준비물 챙기기 등 아이 혼자 힘으로 대처해야 한다. 아이는 이런 바뀐 생활에 긴장하면서도, 대개는 무난하게 적응한다.

　한편, 아이의 초등학교 입학을 전후로 엄마들은 부모

에서 '학부모'로 변신한다. 지금껏 아이를 마냥 어리게만 보면서 아이의 몸과 마음을 돌보던 모드에서 벗어나 학습을 도와주고 이끌어주려는 모드를 장착하는 것이다. 엄마들의 이런 변화는 학교생활에 대한 '카더라 통신'으로 불붙는 경우가 많다. 엄마들 사이에서 들려오는 "요즘 교과서는 이렇대. 요즘 선생님들은 이렇대"라는 이야기를 듣고 있다 보면, '아이를 아무 준비 없이 학교에 보내도 될까' 하는 불안감이 생겨 어느새 아이를 붙잡고 문제집을 들이밀거나 학원으로 떠미는 자신을 발견하게 되는 것이다.

엄마가 불안하다면, 학교생활에 대한 객관적인 정보를 수집해보자. 교과서를 미리 구입해서 훑어보고, 유튜브, 책 등 각종 매체를 통해서도 학습 수준을 짐작할 수 있다. 학교에 입학하지도 않은 아이에게 불안감을 전달하여 학교에 대한 이미지를 부정적으로 만드는 것보다는 그것이 훨씬 낫다. 초등학교 1학년 교과서는 교육 전문가들이 우리나라 8세 아이들의 발달 속도를 고려하여 만든 것으로 전국 공통이다. 여기에는 '8살이라면 이 정도는 충분히 할 수 있습니다'라는 전제가 깔려 있는 것이다. 국어의 경우 자음과 모음의 모양, 소리부터 배우고, 2학기부터는 간단한 문장을 완성하고 짧은 글을 쓰기 시작한다. 수학은 사물의 수를 9까지 세기에서 시작하여, 모으기와 가르기를 통한 한 자릿수 덧셈, 뺄셈 정도가 1학기 진도다. 그러므로 지나치게 아이를 학습적으로 밀어붙일 필요는 없다.

다만, 아이의 기질이 다른 아이에 비해 자존감에 상처를 쉽게 입는다거나 학습에 대해 예민하다면 미리 한글 읽기, 간단한 연산을 연습하고 학교에 보내는 것이 좋다. 대개는 선생님들이 잘 이끌어주지만, 준비 안 된 상황을 힘들어하는 아이는 미리 준비시켜 불안감을 덜어주는 편이 낫다. 무엇보다도 초등학교 생활의 적응을 좌우하는 것은 '태도'다. 아이가 학습적으로 준비가 덜 되어 있더라도 선생님 말씀을 잘 따라갈 태도가 형성되어 있다면, 같은 반 아이들과 잘 지낼 수 있는 태도만 있다면, 나머지는 잔가지에 불과하다. 뿌리만 잘 뻗어 있다면 걱정할 필요가 없다.

이렇게 학교생활에 무난하게 적응을 했다면, 이전에 쌓은 긍정적인 학습 정서와 정립된 생활 습관 위에 학습 습관을 얹어주는 것이 필요하다. 하지만, 학습의 양은 아이의 속도와 양에 맞추어서 이루어져야 한다. 매일 연산 한 장, 독해 한 장처럼 부담스럽지 않은 정도로 학습량을 정해 꾸준히 하는 편이 좋다. 매일 조금씩이지만, 자신에게 주어진 몫의 학습을 함으로써 아이는 인지 발달뿐 아니라 학습에 필요한 정서도 발달시킬 수 있다. 아이가 '오늘은 하기 싫은데'를 이겨내고 주어진 양을 해내면 '하고 나니 별거 아니네'라는 마음들이 모여서 인내심, 자기 조절력, 성취감, 자신감 등을 형성한다. 낙숫물이 댓돌을 뚫듯이, 이런 감정과 습관이 쌓이고 쌓여 아이는 제대로 공부할 힘을 기를 수 있다.

또한, 학교에서 배운 내용을 집에서 간단하게 예습, 복습하는 학습 습관을 만들어놓으면, 아이는 수업 시간에 자신감을 얻고 선생님, 친구들과의 관계에서도 좋은 평판을 얻어 '학교' 자체에 대해 긍정적인 태도를 지니게 된다. 결국, 학습의 선순환이 이루어지는 것이다. 다만, 저학년인 만큼 정해진 양의 학습을 다했다면 나머지 시간은 아이가 원하는 활동을 할 수 있게끔 해주자. 아이는 해야 하는 일을 다한 후의 개운함, 자유로움을 만끽할 권리가 있다.

부모의 초등학교 시절과는 다르게, 요즘 아이들은 단원 평가 외에는 학교에서 아이의 실력을 확인할 수 있는 객관화된 시험을 시행하지 않는다. 과목별 단원 평가 점수나 받아쓰기를 통해 아이의 대략적인 위치를 파악하고, 부족한 면은 채울 수 있도록 지원해주자.

특히, 국어는 모든 과목의 도구 과목으로 그 중요성이 매우 크다. 단순히 한글을 읽고 쓸 줄 아는 능력에만 초점을 맞추지 말고, 아이가 내용을 어느 정도 이해하는지, 자신의 것으로 만들어서 이야기하고 쓸 수 있는지를 살펴보는 것이 좋다. 교육부에 따르면 한국의 문맹률은 1966년 1퍼센트로 집계된 이후 공식적인 조사가 의미 없는 수준이라고 한다. 실질적으로 문맹률은 0퍼센트 수준이라는 것이다. 그러나 한국교육개발원 조사에 따르면 우리나라 국민들의 문해력은 OECD(경제협력개발기구) 회원국 중 최하위권으로, 글자를 읽고 쓸 줄은 알지만 조금만 복잡하거나 어려운 문장이 나오면 정확한 뜻을 해석하지 못하는 심각한 상황이라고 한다.

요즘 아이들은 일찍부터 각종 미디어(컴퓨터, 스마트폰, 텔레비전 등)에 노출되어 문장보다 영상에 익숙하다 보니 문장이 조금만 길어져도 끝까지 읽어내지 못하고, 의미나 행간을 읽지 못하는 것이다. 문해력 향상을 위해서는 교과서 수록 도서, 학년별 추천 도서, 아이가 좋아하는 주제의 책 등을 읽으면서 기초를 닦는 것이 좋다. 책을 많이 읽는 것은 중요하지 않다. 한 권을 읽더라도 책에 대한 생각을 이야기 나눌 수 있으면 좋다. 아이와 책을 놓고 도란도란 이야기를 나누는 시간을 통해, 아이는 활자에만 머무르지 않고 책 밖으로 자신의 생각을 뻗어나갈 수 있게 된다. 또한, 이 시기에는 읽기뿐 아니라 쓰기의 기초를 다지기 시작한다. 정확한 맞춤법과 표준 발음법에 따라 바르게 쓰는 연습, 자신의 생각을 간단한 문장으로 쓰는 연습이 필요하다.

수학은 나선형 과목으로, 처음에는 기초적인 내용을 학습하나 그 기초적인 내용을 토대로 점차 수준이 올라가는 구조다. 제 학년의 내용을 소화하지 못하면 다음 학년의 내용을 따라가지 못하게 되는 것이다. 그러므로 현행 진도를 착실하고 깊이 있게 따라가는 것이 우선이다. 특히 초등 저학년 수학의 경우, 연산이 기초가 되기 때문에 연산은 매일 부담되지 않는 양을 정해서 꾸준히 하는 것이 좋다. 또한, 색종이로 전개도 만들기, 접어서 구멍 뚫기 등 다양한 도형을 만들고 자르는 활동을 해 보면 공간 감각이 저절로 길러진다. 초등 저학년 수학은 연산, 도형, 규칙, 시계 보기, 길이 재기 등이 대부분이다. 생활 속에서 돈 계산하기, 물건 분류하기, 색종이 접기, 보드 게임 등을 통해 수학은 일상과 밀접한 연관이 있음을 체득하게 해주는 것이 좋다. 예전에 비해 수학 문제가 길고, 서술형 문제도 많기 때문에 문제를 읽고 이해하는 능력도 필요하다.

영어는 노출 양에 비례해 아이들 간 격차가 큰 과목이다. 초등학교 입학 전 영어 유치원 같은 기관을 통해 영어에 3, 4년 일찍 노출된 아이도 있고, 파닉스를 하지 않은 아이도 있다. 이런 상황에서 영어를 학교에서 학습하기 시작하는 3학년에 처음 접하면 아이가 수업을 따라가기가 벅찰 수도 있다. 따라서 꾸준히 다양한 콘텐츠에 노출시켜 아이가 거부감을 가지지 않도록 하는 것이 좋다.

한편, 아이의 학습을 돕기 위해 '엄마표'로 예습, 복습, 심지어 선행까지 진행하는 엄마들이 꽤 많다. 엄마표 교육은 아이의 속도와 상태에 맞게 일대일 맞춤형 수업이 가능하고 아이와 애착이 가장 강한 엄마가 진행하기 때문에 더 큰 의미가 있다. 그런데 이 애착이 가장 강한 관계라는 점이 때론 발목을 잡기도 한다. 엄마가 아이를 가르쳤을 때, 화를 내면 친모고 안 내면 계모라는 우스갯소리가 왜 생겼겠는가. 엄마는 아이를 객관적으로 보기 힘들기 때문에 학습시키다 보면 '왜 이걸 이해 못할까?' 하는 생각이 치밀면서 가슴이 답답해지고 짜증이 날 때가 있다. 심하면, 아이에게 고함을 지르거나 책을 던지고 찢는 등 극한 상황까지 치닫곤 한다. 아이도, 엄마도 학습을 두고 마음에 스크래치가 생기는 이런 상황들이 되풀이되면, 학습뿐 아니라 아이와의 관계까지 놓치게 될 수도 있다.

엄마는 선생님이 아니고 그렇게 될 필요도 없다. 아이의 발달에 적합한 교육이 이루어져야 하듯, 엄마의 성향도 고려해야 한다. 만약, 엄마가 아이와 함께 공부할 때 행복하고 재미있다면 '엄마표 학습'을 하지 않을 이유가 없다. 하지만 그렇지 않고 아이의 공부가 엄마의 숙제처럼 느껴진다면 다른 방법을 찾아보는 것이 좋다. 육아뿐 아니라 교육 역시 장기전이다. 아이는 물론이고, 엄마도 정서적으로 일찍 지쳐버리면 아이 뒤에서 든든하게 받쳐줄 수가 없다. 공부에 있어서 엄마의 감정도 적극적으로 관리할 필요가 있다.

첫째를 9년 남짓 키운, 아직도 부족한 점이 많은 엄마이지만 시간이 갈수록 부모가 아이를 어떤 방향으로

'키우는' 것이 아니라, 아이가 원래 가지고 있는 본질을 꽃피우는 모습을 '지켜보는' 것이라는 생각이 든다. 우리 부부는 천상 문과생으로 기계, 컴퓨터 등에 큰 관심이 없는 사람인데, 그 사이에서 태어난 첫째는 어렸을 때부터 가전제품 설명서 읽기를 좋아하고 컴퓨터만 켜면 눈이 반짝하는 아이다. 남동생이 프로그래머로 일하고 있고, 그렇게 자리 잡기까지 쉽지 않았다는 것을 알기에 개인적으로는 다른 길을 갔으면 하는 마음이다. 하지만 엄마가 아이를 어떤 길로 인도할 수 없다는 것을 막연하게 알 것 같다. 앞서 말했듯, 아이가 나무라면 아이는 태어날 때부터 사과나무가 될지, 은행나무가 될지, 감나무가 될지 정해져 있는 게 아닐까. 부모의 역할은 그저 그 나무에 해충을 잡아주고, 그늘이 지면 주위를 정리해주고, 가지가 너무 많으면 가지치기를 도와주는 정도가 아닐까. 결국, 아이는 어느 순간 스스로 사과든, 은행이든, 감이든 열매를 맺게 될 것이다.

교육 역시 마찬가지다. 공부의 틈을 만들어주는 것은 부모이지만, 그 틈을 열어젖혀 창으로 만드는 것은 결국 아이의 몫이다. 부모는 하루 아침에 되지 않는 영역(독서나 연산)의 습관을 들여주고 아이가 도움을 청하는 영역은 채워주며 큰 틀을 만들어주는 역할을 하면 된다. 일일이 엄마가 곁에서 진도를 맞춰주고 구멍을 메워주는 식의 교육은, 아이의 자기 주도 학습에 도움이 되지 않는다. 아이가 주어진 과제를 수행하기 위해 어떤 전략이나 기술, 자료가 필요한지를 알고, 과제를 제대로 수행하기 위해 언제, 어떻게 어떤 방법을 사용해야 하는지를 아는 능력, 즉 메타인지력을 키워주는 것이 더 중요하다. 언제까지나 부모가 물고기를 잡아줄 수 없으니, 잡는 방법을 알려주는 편이 좋다.

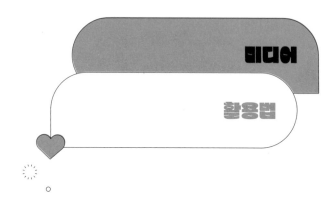

육아에 있어 각종 디지털 미디어들은 잘 쓰면 약이 되지만, 잘못 쓰면 독이 되기도 한다. 텔레비전, 스마트폰, 컴퓨터, 게임기 등 여러 기기들이 현대인의 생활 깊숙이 들어와 있어서 완전한 아날로그 삶은 생각하기가 힘들게 된 이상 현명하게 사용하는 법을 익히는 것이 낫다.

엄마 혼자 아이를 하루 종일 돌볼 때, 엄마도 잠시 틈이 필요할 때, 기운이 하나도 없을 때, 우리는 텔레비전 리모컨을 찾는다. 아이를 잠시 뽀로로에게 맡겨야 밥을 먹거나, 쉬거나, 집안일을 할 수 있게 되는 것이다. 현실적으로 아이를 혼자 돌보면서 각종 집안일에 본인 돌보는 일까지 하기는 불가능하기에, 아이에게 아예 텔레비전을 보여주지 말라는 말을 하기는 쉽지 않다. 아이를 혼자 놀게 하고 식사를 준비한다든가 잠시 엄마의 끼니를 챙긴다든가 할 때, 아이가 위험한 일을 하는 것보다는 안전하게 텔레비전 앞에 앉아 있는 편이 낫다. 다만, 되도록 텔레비전은 공용 공간에서 시청하고 시간을 제한해야 한다. 그리고 가능하다면 어깨 너머로라도 텔레비전의 내용을 함께 이야기하는 것이 좋다.

인간의 신체 기관 중 가장 발달이 덜 된 채로 태어나는 기관이 바로 뇌다. 신경학자들이 밝혀낸 뇌 성장을 가장 활발하게 일으키는 세 가지 요인에는, 부모나 다른 사람과의 상호작용, 만지고 느끼고 움직이는 조작 활동, 문제 해결 활동이 있다. 이 세 가지 요인 중 텔레비전이 영향을 미치는 것은 없다. 철저히 수동적인 매체이기 때문이다. 따라서 텔레비전 시청 시간은 제한을 두되, 가능하다면 가치판단을 할 수 있는 어른이 옆에서 비판적 사고를 할 수 있게끔 함께 대화하며 보는 것이 좋다.

아동용 DVD나 스마트폰 앱은 교육을 목적으로 만

들어져 있으니 괜찮지 않을까 생각할 수 있다. 여러 연구에 따르면, 생후 18개월 이전까지는 학습 효과를 기대할 수 없지만, 그 이후에는 어른과 함께 즐겁게 학습할 경우 학습 효율이 상승한다고 한다. 한 연구에서는 생후 22~24개월 아이에게 DVD를 시청하게 하고 언어 학습 효과를 측정했다. 그 결과 혼자 DVD를 본 아이는 시험에서 정답률이 63퍼센트 정도였지만, 어른과 함께 재미있게 본 아이는 시험에서 정답률이 93퍼센트 정도였다고 한다. 교육용 매체를 시청할 때도 어른과 함께 교감하면 효과를 더 높일 수 있는 것이다.

한편, 텔레비전을 보는 시간과 온라인 콘텐츠를 소비하는 시간의 격차가 점차 줄고 있다. 개인 매체인 컴퓨터, 스마트폰에 익숙한 요즘 아이들은 텔레비전 앞에 앉아 있는 시간보다 인터넷 사용 시간이 길다. 온라인 콘텐츠를 허용하는 문제는 텔레비전보다 더 까다롭다. 공용 공간에서 함께 시청할 수 있는 텔레비전과 달리, 혼자 사용하는 인터넷의 경우 콘텐츠가 훨씬 다양한 데 반해 부모가 관리하기가 쉽지 않다. 방송에는 심의라는 절차가 있어 유해성, 폭력성, 선정성 등을 한 번 걸러내고 텔레비전에 송출하지만 인터넷은 그렇지 못하며, 특히 개인 방송의 경우 진위가 파악되지 않은 정보들이 난무하는 경우가 많다. 따라서 아이의 컴퓨터, 스마트폰에 항상 관심을 두고, 아이가 보는 콘텐츠를 함께 즐기는 쪽으로 유도하자.

1,000원짜리 과자와 젤리만 주어도 세상을 다 가진 듯 행복해하던 아이는 어느새 커서, 고급 스마트폰, 게임기를 원할 것이다. 아이가 친구 개념이 생기면, 친구들이 좋아하는 '게임' 관련 아이템에 대한 관심이 높아진다. 캐릭터용품부터 카드 게임 등이 또래 아이들 문화에 깊숙이 들어가 있기 때문에, 게임을 하지 않아도 저절로 노출될 수밖에 없다. 아이의 게임도 마찬가지로 완전히 차단하는 것은 한계가 있다. 놀이터, 학원, 셔틀 버스, 학교 등 각지에서 아이들은 관련 이야기를 하고 게임을 한다. 어차피 하게 될 거라면 음지에 숨어서 하게 두지 말고 양지에서 에티켓을 지키면서 하게 하자. 대신 정해진 시간을 지키는 연습을 통해 절제하는 습관을 들일 수 있도록 해야 한다.

그리고 가능하다면, 부모가 그 게임을 함께 하자. 아이와 게임 아이템, 이벤트, 전략 등에 대해 함께 이야기하고 아이의 세계에 발을 슬쩍 들여놓자. 아이가 사춘기에 들어가면 슬쩍 들여놓았던 그 발마저 걷어차고 자신만의 세계를 공고히 할 것이다.

이런 이야기를 하는 내가 디지털 미디어에 매우 호의적인 사람으로 보일 수 있지만, 사실은 그 반대다. 남동생이 어린 시절부터 게임에 빠져 있었기 때문에 엄마와 남동생의 갈등 상황을 수차례 보며 자란 나는 '게임'으로 통칭되는 디지털 미디어에 대해 굉장히 예민하다. 최대한 게임에 노출되는 상황을 지연시키고 싶었고, 게임보다는 운동을 좋아하는 아이로 키우고 싶었다. 하지만 그것 역시 어찌 보면 나의 욕심이었고 오만이라는 것을 깨달았다. 아이는 어린 시절부터 차만 타면 내비게이션에 집중하느라 정신이 팔릴 만큼 기계, 컴퓨터 등 전자기기에 굉장히 관심이 많다. 그런 아이에게 억지로 디지털 미디어를 처내는 것은 불가능하기에, 자제력을 키우면서 현명하게 미디어를 활용할 수 있는 능력을 키워주는 것이 중요하다고 생각을 바꿨다. 그래서 요즘은 아이의 그 관심을 엑셀, 파워포인트 등을 배우게 하거나, 타자 연습을 하게 하거나, 코딩 기초 프로그램을 하게끔 하여 실용적인 영역으로 전환시키고 있다. 컴퓨터 앞에 앉은 아이는 시간표 하나를 엑셀로 만들면서도 행복해하고, 타자 연습하면서도 즐거워한다.

아이에게 텔레비전이, 인터넷이, 게임이 얼마나 해로운지를 증명하는 연구 결과들은 계속 나오고 있다. 하지만, 그 연구 결과를 살펴보면 텔레비전을 지나치게 오래 시청하는 아이들의 경우 부모가 기본적으로 정서적, 신체적 돌봄을 제대로 해주지 못하는 경우가 많다. 여러 변수가 복합적으로 연결되어 아이에게 문제 행동이나 정서적 결함이 나타나는 상황이 대부분이라는 것이다.

요즘 세대는 '메타버스'라는 3차원 가상 세계에서 상호작용하고, 소셜 네트워크 활동을 하며, 가상 자산으로 거래를 한다. 이런 시대에 아예 아이에게 미디어를 차단하기는 쉽지 않고, 오히려 역효과를 낼 수도 있다. 아이가 부모의 말에 권위를 느끼고 그것에 따르는 나이일 때, 아이와 함께 현명한 미디어 활용법을 익히자.

마지막으로, 아이에게 오프라인 세계에도 즐거운 경험이 있다는 것을 인식시키는 것이 중요하다. 친구와 직접 만나서 운동을 하며 흘리는 땀방울의 소중함, 가족들과 함께 여행 가서 보내는 시간의 즐거움 등 온라인이 아닌 오프라인에서 아이가 행복한 경험을 할 수 있게 해준다면, 아이가 잠시 게임이나 스마트폰에 빠지는 시기가 있더라도 무사히 빠져나올 수 있다. 부모가 아이와 교감하며 든든하게 지지하는 순간이 쌓이고 쌓이면, 아이도 결국 집이라는 실제 공간, 가족과 친구라는 현실에서 만나는 사람들의 곁으로 돌아올 것이다.

한 가지만 한다면

독서

다시 아이들이 어릴 때로 돌아간다면, 느슨한 책육아를 하고 싶다. 그러기 위해 다시 하지 않을 것 중 하나는 책장을 아이 전집으로 꽉꽉 채우는 것이다. 그때의 나는 아이에게 뭉텅이로 전집을 사주고, 그것을 책장에 열 맞춰 진열하는 과정에서 만족감을 느꼈다. 전집 자체를 구입하기보다 아이의 인지 능력을 뭉텅이로 구입한 듯했다. 아이의 발달에 적합한 전집을 책장에 꽂아 넣고 나면 그제야 엄마로서의 책임을 다한 듯한, 마음이 꽉 찬 기분이 들었다. 하지만 전집을 구입한 것으로 책육아가 끝나는 것이 아니라, 그 순간부터 시작이라는 것을 간과하고 있었다. 아이와 교감하며 책을 읽어주는 과정이야말로 책육아의 핵심이다.

이제는 양보다 질이 중요하다는 것을 안다. 아이 둘을 키우며 전집을 열 질 넘게 보유하고 있지만, 실제로 아이들이 뽑아오는 책은 그것의 일부에 불과하다. 항상 가지고 오는 책만 가지고 와서 너덜너덜하고, 한두 번밖에 보지 않아 펼칠 때 쩍쩍 소리 나는 책들의 비중이 꽤 된다. 전집 자체가 나쁘다는 것이 아니라 많은 책을 한꺼번에 구입하고 진열하는 데 그치는 행위에 대한 이야기다.

아이가 책과 친해지기 위해서는 많은 책이 필요하지 않다. 책 열 권을 억지로 읽기보다 좋아하는 책 한 권에 푹 빠져서 읽고 또 읽는 것이 훨씬 의미 있다. 반복 독서의 힘은 크다. 아이가 처음 책을 읽을 때는 줄거리만 이해하지만, 책을 다시 펼칠 때마다 처음에는 발견하지 못한 인물의 감정선, 배경 등을 발견할 수 있다. 음식에 비유하자면, 제대로 씹지 않고 후루룩 삼키는 것보다 꼭꼭 씹어서 맛을 음미하며 먹는 것과 비슷하다. 책 역시 후루룩 읽어버리면 자신의 것으로 소화하기 힘들다.

다만, 시간은 확보할수록 좋다. 그냥 끼적이고 멍 때리는 시간, 뒹굴뒹굴하는 시간이 있어야 겨우 '책 한번 볼까'라는 마음이 스멀스멀 올라온다. 세상에는 재미있는 게 너무 많다. 아이들에게도 마찬가지다. 아무것도 하지 않는 심심한 시간이 확보되어야 겨우 책을 열어볼 마음이 생긴다.

영유아기부터 초등 저학년 시기까지는 좋은 그림책을 찾아서 보여주는 것이 좋다. 좋은 그림책의 첫 번째 요건은 아이와 나눌 이야깃거리가 많은 책이다. 열린 질문이 따라오는 책이면 더 좋다. 아이가 내용과 그림을 통해 엄마와 이야기를 나누고, 여러 가지 질문이 떠오르는 책은 아이의 사고를 확장시킨다.

두 번째는 볼 때마다 새로운 요소를 찾을 수 있는 책이다. 좋은 그림책은 책장을 넘길 때마다 보물찾기 하듯 새로운 요소를 발견하는 재미가 있다. 예를 들어, 앤서니 브라운Anthony Browne의 《돼지책》을 보면 페이지 여기저기에 돼지 얼굴이 새겨진 소품을 찾을 수 있다. 또한 엄마의 얼굴은 초반부에는 눈, 코, 입이 없는 그림자로 표현되다가 후반부에야 표정이 돌아온다. "왜 작가는 이 물건을 돼지처럼 그렸을까?", "엄마는 왜 눈, 코, 입이 없다가 생겼을까?" 하는 의문을 가지고 책을 들여다보면, 책 읽기가 한층 깊어진다.

세 번째는 다양한 시각으로 지식을 전달하는 그림책이다. 사회든 과학이든 어린이들이 읽는 논픽션의 경우 지식을 전달하기 급급한 책이 있다. 이런 책은 재미가 없기에 반복 독서를 하기 힘들고, 결국 지식 전달이라는 목표 달성에도 실패하는 경우가 많다. 아이들이 이입해서 읽을 수 있도록, 지식을 서사에 자연스럽게 녹이고 다양한 생각을 하게 하는 책이 좋은 책이다.

마지막으로, 앞서 이야기한 것들을 모두 뒤엎을 만한 요소가 있다. 그것은 바로 아이가 좋아하는 책이다. 아이가 좋아하는 책이면 좋은 그림책이다. 그것은 일상에 대한 이야기일 수도 있고, 자동차, 공주, 로봇, 공룡에 대한 이야기일 수도 있다. 엄마 눈에는 그림도 유치하고 내용도 깊이가 없어 보여도 아이들이 좋아하면 그것만으로 좋은 책이다. 좋아하는 책이 생기면 거기에서 가지를 뻗어 연계 독서를 하면 된다. 자동차를 좋아하면 전기차, 수소차 등 친환경 차에 대한 책을 슬그머니 들이밀고, 요리를 좋아하면 다양한 식재료에 대한 책을 펼쳐두자. 아이가 좋아하는 관심사를 책으로 확장시키면 아이는 책으로 성장한다.

아이가 학습 만화만 좋아해서 고민이라는 엄마들이 많다. 만화의 경우, 그림만 보아도 내용을 따라갈 수 있다. 자연히 글과 글 사이에 숨겨진 호흡, 감정은 되새길 필요가 없기에 '문해력'을 기르기 힘들다고 한다. 하지만 사람이 밥만 먹고 살 수 없고 가끔 빵이나 인스턴트를 먹을 때가 있듯이, 학습 만화도 가끔 먹는 주전부리가 되면 괜찮다. 아이가 잠시라도 낄낄거리며 숨 돌릴 틈을 가질 수 있는 만화책이라면 허용해주자. 무분별한 유튜브 시청, 게임보다는 훨씬 낫지 않은가. 다만, 학습 만화가 매일 먹는 주식이 되지 않게끔, 아이가 읽고 있는 책의 목록을 파악한 후 관심 분야에 맞는 좋은 단행본을 채워주자. 아이의 관심사에 맞는 책을 무심한 듯 툭 던져주면 한 번쯤은 펼쳐볼 것이다. '어라? 생각보다 이런 책도 괜찮네'라는 경험이 쌓이면 아이는 점차 다른 책도 읽을 것이다. 양서를 어느 정도 읽고 난 다음에 읽는 만화는 괜찮다. 심지어 나는 어렸을 때 학습 만화도 아니고 하이틴 만화, 판타지 만화 들을 그렇게 많이 봤음에도, 지금은 양서를 골라서 읽고 있고 책도 쓰고 있다.

시간이 되면, 아이와 함께 책을 읽자. 읽기 독립이 된 아이라도, 부모와 함께 책을 읽으면 미처 몰랐던 부분들을 이해하게 된다. 책을 통해 아이는 간접 경험을 할 수 있고 다른 사람의 감정을 공감하는 힘을 기를 수 있다. 인물의 감정선을 따라가다 보면, 그 인물에 이입하게 되고, 갈등을 해결하고 해소하는 과정에서 다른 이의 입장에서 생각하게 된다. 주인공이 '화'를 내면, "나라면 어떻게 했을 텐데" 하는 대화를 나누며 감정 코칭 하는 시간을 가질 수 있고, 상황을 객관적으로 봄으로써 감정을 조절하는 방법을 체득할 수 있다.

또한, 책은 아이와 자연스럽게 이야기를 나누고 스킨십을 하는 소통의 창구가 된다. 아이와 한 방향을 바라보며 이야기를 나누는 것이 더 효과적이라는 어느 연구결과를 인용하지 않더라도, 아이와 눈을 마주 보고 이야기하려고 판을 깔면 대화를 오래 지속하기 힘든 것이 현실이다. 하지만 이야기 나누고 싶은 주제와 연관이 있는 그림책을 앞에 두고 책을 읽어나가다 보면 자연스럽게 이야기의 물꼬가 터지고 책 속의 이야기가 책 밖으로 확장이 되어 본인의 고민이나 이야기를 자연스럽게 하게 된다. 책을 함께 읽으려면 아이와 바짝 붙어 있어야 하므로 저절로 스킨십이 되는 것은 물론이다. 이처럼,

책은 아이들과의 소통 창구가 되어주고, 감정을 가르쳐주는 코치이기도 하다.

느슨한 책 육아에서 가장 중요한 것은 책을 강요하지 않는 것이다. 책을 읽으라고 강요하지 말고, 무언가를 위한 목적으로 느끼지 않게 하자. 아이가 일상에서 책을 그 자체로 친근하게 여길 수 있도록 하는 것이 포인트다. 그런 의미에서, 하루에 반드시 책 몇 권 읽고 기록하기, 책 읽고 독후 활동하기, 독서 시간을 지정해놓고 책 읽기 등 엄마가 일방적으로 규칙을 정하고 책 읽기를 강권하는 것은 아이가 책을 멀리하는 지름길이다. 결국, 아이는 책 읽는 것이 부담이 되고 책 자체가 싫어진다. 좋아하지 않는 음식을 계속 억지로 먹으라고 강요하면 그 음식을 더 싫어하게 되는 것과 같은 이치다.

아이가 스스로 몇십 권을 읽는다거나. 자발적으로 책과 관련한 독후 활동을 하고 싶다고 하면 당연히 말릴 이유가 없다. 그때 손을 내밀어주면 된다. 그 시간이야말로 아이가 책에 몰입해 자신의 것으로 오롯이 만들어내고 거기에 자신의 생각을 더해 한 단계 더 나아간 순간이니, 열렬히 환영해주어야 한다.

아이가 그냥 책을 그 자체로 즐기게 해주자. 아이가

책을 반복해서 읽을 때마다 다른 향과 맛을 느끼는 것이 독서의 묘미임을 알아차리게 해주자. 엄마는 그저 아이가 책을 읽을 때 관찰하고 있다가 무심하게 연계되는 책들을 툭 내려놓으면 된다.

책이야말로 게으른 엄마에게는 최고의 장난감이다. 칼싸움, 베개 싸움 등 동적인 놀이보다 책 읽기는 훨씬 에너지가 덜 들며, 공주 놀이, 영웅 놀이 등 역할 놀이하면서 머리 쥐어짜기보다 책을 매개로 이야기 몇 마디 나누는 것이 쉽다. 어쩌면 그래서 우리 집에 책이 많은 것인지 모른다. 오늘도 느슨한 책육아를 하며 하루의 빈틈을 채워간다. 아이가 훗날 어린 시절을 돌이켜볼 때, 엄마와 책 한 권을 두고 앉아 도란도란 이야기 나누는 따스한 정서를 기억하길 바라며.

응장

자신을 잃지 않는 용아

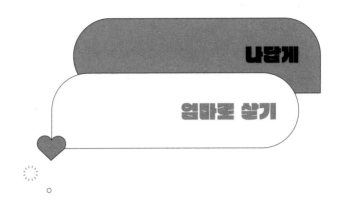

나답게

엄마로 살기

코미디언 유재석이 다양한 부캐에 도전하는 포맷으로 인기인 예능 프로그램이 있다. 부캐란, 부 캐릭터를 줄인 말로 본래의 캐릭터(본캐)를 벗어나 다른 역할, 모습으로 변신한다는 의미다. 유재석이라는 본캐가 트로트 가수, 프로듀서, 클래식 연주가, DJ 등 매번 다른 부캐로 변신하여 새로운 프로젝트에 몰입하는 모습은 감탄이 나올 정도다. 하지만 다양한 부캐에 도전하더라도 유재석이라는 본캐는 유지되고 프로젝트 중에도 부캐와 본캐를 넘나든다. 시청자 역시 그 점을 암묵적으로 알고

즐긴다.

엄마의 삶도 마찬가지라는 생각이 들었다. 우리는 학생으로 살다가, 직업인이 되었다가, 엄마가 된다. 그러면서 누군가의 딸이자, 팀원이자, 아내이자, 며느리라는 역할도 수행한다. 이 모든 것은 나의 부캐다. 나라는 사람의 정체성을 만드는 많은 역할 중의 하나다. 그런데 유독 우리는 '엄마'라는 부캐를 자신의 본캐로 만들려고 한다. 임신하는 순간부터 엄마라는 부캐는 나라는 본캐를 위협하기 시작해서 아이를 낳고 기르는 내내 나를 대신한다. 그런 기간이 길어지면, 아이가 훌쩍 커버려 나를 찾으려 할 때 나라는 사람은 없고 엄마라는 역할만 남아 있을지 모른다. 그런 후회가 없으려면 엄마로 살면서 순간순간 나로 살아야 한다.

아이 둘 수발 인생 10년 차. 아이들이 크면서 신체적 수발보다는 정신적 수발로 무게 중심이 옮겨지는 것이 느껴진다. 초등학교 3학년인 첫째는 이제 손이 가는 일이 확 줄어서 서운할 정도이고, 유치원생인 둘째는 아직 챙겨줄 것들이 있지만 예전보다 확실히 스스로 하는 일이 늘어났다. 아이가 아기일 때는 "엄마가 너의 우주가 되어줄게" 매일 다짐했었는데, 아이가 커갈수록 "너의 우주에 엄마가 놀러 갈게"라고 매일 깨닫는다.

이제 잊고 있던 엄마의 우주를 다시 찾자. 어떠한 '일'을 하는 사람이 되라는 것이 아니다. 내가 좋아했던 것, 잘했던 것을 돌이켜보면서 나의 정체성을 되찾자는 뜻이다. 나는 아이를 낳기 전까지만 해도 사람 만나는 것을 즐겼고, 힙합과 여행을 좋아하는 활기찬 사람이었다. 아이들을 낳아 기르면서 성향이 바뀌어 혼자 책을 읽고 글을 쓰는 과정에서 내면이 충전된다는 것을 알았다.

이처럼 어떤 일을 할 때 내가 가장 행복할 수 있고 나다울 수 있는지 아는 것은 살아가는 데 큰 힘이 된다. 결국, 내가 나다울 수 있을 때, 나의 역할 중에 하나인 '엄마'라는 역할도 나답게 수행할 수 있는 것이다. 그런 엄마의 모습을 보며 아이도 아이만의 색채로 자신의 우주를 확장하며 살아간다. 아이와 엄마가 서로의 우주를 들여다보고 드나들 수 있도록, 엄마도 아이도 자신의 세계를 구축해야 한다.

"엄마가 행복해야 아이가 행복하다"는 말은 맞기도 하고 틀리기도 하다. 엄마의 행복과 아이의 행복은 인과 관계가 아닌 병렬 관계여야 한다. 엄마는 아이가 행복하기 위해 존재하는 사람이 아니기 때문에, 아이의 행복을 위해 엄마가 행복을 찾아야 한다는 말은 틀렸다. 엄마는 아이를 위한 수동적인 행복이 아니라, 온전히 자신을 받아들이는 적극적인 행복을 위해 살아야 한다. 엄마와 아이의 행복은 원 플러스 원이 아니다.

물론, 아이가 행복할 때 엄마인 자신이 가장 행복하다는 사람도 있을 수 있다. 하지만, 아이의 행복과 엄마의 행복은 언제까지나 함께 갈 수 없다. 언젠가는 아이의 삶이 엄마의 삶에서 분리되어야 한다. 그렇지 않으면 아이는 평생 엄마의 행복을 위한 그늘에서 자라난다.

아이와 가족에 매몰되어서 살 수밖에 없는 기간이 있다. 성실한 사람일수록 자기는 뒷전이고, 아이와 가족만 챙기면서 살다가 어느 날 문득 거울 속 자신이 정말 나인가 하는 생각이 들기 시작한다. 아이는 매일 머리 땋아주고, 공주 드레스 입히고, 예쁜 구두 신겨서 등원시키면서 엄마인 자신은 매일 무릎 나온 추리닝 아니면 편안한 원피스 차림이다. 아이와 가족은 한우 구워주고, 엄마인 자신은 매일 남은 반찬을 먹는다. 이런 시간이 길어지면 내가 어떤 옷이 잘 어울리는 사람이었는지, 어떤 음식을 좋아하는 사람이었는지 잊게 된다.

우선순위에서 자신을 제일 후순위에 놓을 수밖에 없

는 시기가 지나면 조금씩 조금씩 나를 챙기자. 너무 오랫동안 나를 잊고 살면, 어느 순간 스스로 견디기 어려울 정도로 이유 없이 짜증이 나고 우울해진다. 가족들은 지금껏 내가 해왔던 일들, 집안일, 회사일, 육아, 교육 등을 당연하게 생각한다. 지금껏 묵묵히 그 일들을 해왔으니 말이다. 힘들다고, 도움이 필요하다고, 시간이 필요하다고 마음을 전하자. 그리고 나를 보듬자. 나를 온전히 사랑할 수 있는 사람은 나 자신뿐이다. 내가 나 자신을 소중히 여겨야 다른 가족들도 내 가치를 안다.

회사 생활을 할 때, 육아휴직을 끝내고 복귀한 선배들 일부는 집에 있을 아이를 걱정하면서도, 회사에 오니 너무 좋다며 들뜬 모습이었다. 물론 아이와 함께한 시간이 소중하고 의미 있긴 하지만, 육아휴직 기간 내내 집에 있는 것이 너무 힘들어서 회사에 나오고 싶었다고 하면서 말이다. 결혼 전이었던 나는 그 말이 이해가 가지 않았지만, 아이를 낳고 길러보니 그럴 수도 있겠다는 생각이 들었다. 그 선배들의 나다운 모습은 일이 더 좋은 엄마의 모습이었던 것이다. 설사 그렇다고 해서 죄책감을 갖거나 모성애가 부족한 것은 아닌지 자책할 필요는 없다. 아이를 키우는 것보다 일하는 것이 더 행복하지만 그렇다고 아이를 사랑하지 않는 것은 아니기 때문이다. 분명 그 선배들은 회사에서 얻은 활기로 자신을 충전하고 퇴근 후에는 최선을 다해 아이 곁을 지켰을 것이다. 세상에는 엄마의 수만큼 다양한 엄마들이 존재하고, 그 엄마들은 나름의 방식으로 아이와 함께한다. 어떤 것이 옳고 그르다고 가치판단할 수 있는 문제가 아니다.

나다운 모습을 아직 모를 수도 있다. 나 역시, 아직도 나다운 게 무엇인지 알아가고 있다. 내가 회사를 그만두고 아이 둘을 키우게 될 줄, 내가 육아서를 쓰게 될 줄 몰랐고, 앞으로도 나다운 어떤 일에 도전하게 될지 전혀 모르겠다. 다만, 육아를 하면서도 틈틈이 세상을 향한 틈새를 만들었고, 그 틈새를 통해 나를 들여다보는 노력으로 이렇게나마 나다운 모습의 일부를 찾은 것 같다. 그러니 세상을 향해 작은 틈새를 만들어두자. 그 틈새를 통해 숨을 쉬고, 나를 되찾자. 유명 드라마 대사처럼 "너는 너를 위해서 무엇을 해주니?"라고 끊임없이 되묻자. 어느 순간 내 삶에 나만의 색채가 스며들기 시작할 것이다.

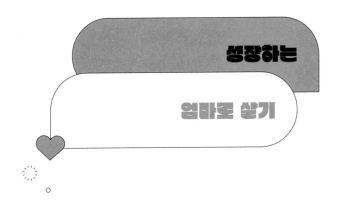

성장하는
엄마로 살기

　어느 가을날, 둘째와 동네에서 알록달록 물든 단풍잎을 주우며 스친 생각이 아직도 생생하다. '아이는 하루하루 잘 크고, 자연도 이렇게 하루하루 변해가는데, 엄마인 나는 왜 매일 제자리만 맴맴 돌고 있는 걸까?', '엄마 경력이 쌓이면 육아력도 비례해서 늘어나 어떤 돌발 상황에도 척척 대처할 수 있어야 하는데, 왜 나는 아직도 아이가 징징거리면 어쩔 줄 모르는 걸까?'라는 생각.

　이제는 그런 생각들이 내 발목을 붙잡고 늘어지게 하지 않는다. 아이가 처음 떼를 썼을 때의 나보다, 지금은 더 나아졌고 앞으로도 나아질 것을 알기 때문이다. 그것이 엄마의 성장이라는 것을 알았다.

성장하는 엄마는 사회적인 지위, 재력 등을 많이 가졌거나 그런 목표를 위해 달려가는 엄마가 아니다. 매일 무언가를 공부해서 다양한 자격증을 따거나, 새로운 언어를 배우거나, 엄청난 성취를 이룬 엄마가 아니다. 아이를 대하는 자신의 모습이 어제보다는 더 인내하고, 지난날들보다 더 겸손해진다면 그것이 엄마의 성장이다.

나 역시 아이를 낳고 키우기 전에는 나만 생각하는, 일명 '차가운 도시 여자'였다. 내 몸매 망가질까 봐 운동했고, 내 커리어 망가질까 봐 일했고, 내 시간이 아까워서 종종거렸다. 여기저기 여행도 다니고 나를 위한 물건들을 소비하며 주체적인 인생을 살아간다고 생각했다. 그런데 아이를 키우게 되자 상황은 급변했다. 내 몸매 망가져도 아이를 품어야 했고, 내 커리어 망가지는 걸 알면서도 퇴사해야 했고, 내 시간은 대부분 아이에게 투자해야 했다. 여기저기 여행을 다니기는커녕 이 방에서 저 방까지 내 마음대로 갈 수 없었고, 집 안은 온통 아이를 위한 물건으로 채워지기 시작했다. 그야말로 내 인생인데 내가 컨트롤할 수 있는 영역이 확 줄어든 느낌이었다. 하지만, 내가 컨트롤할 수 있는 영역의 폭은 줄었어도, 그 깊이는 비교할 수도 없이 깊어졌다는 것을 이제는 안다.

결혼 전에는 나만 알았던 철부지가 아이를 키우면서 부모님의 마음을 조금이나마 이해하게 되었고, 감사하는 마음을 가지게 되었다. 혼자 큰 줄 알았는데, 나를 이렇게 키우기까지 얼마나 부모님이 마음 졸이고 애쓰셨을지 이제야 조금 짐작한다.

아이들에게 눈길 줄 일이 많지 않았던 아가씨가 육아를 하면서 모든 아이의 반짝거림을 놓치지 않게 되었다. 놀이터에서 뛰어 노는 아이들, 유모차에 앉아 있는 오동통한 아기들, 거뭇거뭇 수염 난 교복 입은 학생들까지, 하나하나가 영롱한 우주라는 것을 안다.

환경, 안전 등 사회 문제를 추상적으로만 생각했던 내가 아이를 기르면서 적극적인 행동을 하는 사람이 되었다. 우리 아이들이 살아갈 세상이 조금이라도 더 나아지기 바라며 내가 일상에서 실천할 수 있는 일이 무엇인지 고민하는 사람이 되었다. 아동 학대, 범죄 등의 사건을 접하면 안타깝고 슬프다는 생각에 그치지 않고 행동할 수 있는 방법을 찾는다.

이런 변화들이 있기에, 모든 엄마는 성장하는 엄마다. '엄마'라는 이름이 가지는 힘은 얼마나 큰가. 엄마가 힘을 모으면 개인, 가족, 사회에까지 영향력을 확장할 수 있다. 우리 사회가 공분에 휩싸인 정인이 사건이나 사립 유치원 비리에 대한 사법부 판결에 영향력을 끼친 것은 다름 아닌 엄마들이었다. 사정이 딱한 아이 이야기가 돌면 누구 할 것 없이 도움의 손길을 내밀고, 벼룩시장이나 플리마켓 수익금을 모아 통 큰 기부를 하는 것도 엄마들이다. 우리 주위에 흔히 보는 엄마들이 함께 목소리 내고 함께 소매를 걷었을 때의 힘은 상상 이상이다.

그런 대외 활동은 못하더라도, 아이를 대함에 있어 우리는 나날이 더 인내하고, 더 겸손하며, 더 비우는 자세를 배우고 있다. 몇 초라도 덜 화내고 몇 초라도 덜 잔소리하고 있으면 된 거다. 내 마음대로 안 되는 게 자식이라는 것을 받아들이고, 아이의 삶과 나의 삶을 분리하는 연습을 하고 있으면 된 거다.

엄마가 되고 나서 하나 달라진 것은, '우리 아이는 다를 텐데' 하는 생각이다. 초보 엄마 때는 입도, 행동도 거친 사춘기 아이들을 보면서 그 아이 혹은 그 엄마의 양육 방식에 문제가 있다고 생각했다. 하지만 이제는 다르다. '나는 그러지 않을 텐데'라는 생각이 오만임을 안다. 엄마처럼 살지 말아야지 다짐하던 나는 젊은 시절의 엄마보다 훨씬 살림도 못하고 애들을 쥐어짜는 엄마가 되었고, 우리 아이는 다른 아이들 못지않게 소리 지르고 징징대는 행동으로 매일 울화통을 터지게 만든다. 그런 한때의 생각들이 오만임을 알고 받아들였다는 것 자체가 성장이 아닐까. 어떤 이의 삶에는 그럴 만한 이유가 있겠지 하고 생각하게 되었다면, 그것으로 충분하다.

한 예능 프로그램에서 강호동이 지나가던 초등학생 여자아이에게 "어른이 되면 어떤 사람이 될 거예요?"라고 물었다. 옆에 있던 이경규가 "훌륭한 사람이 되어야지"라고 거들자, 게스트로 나온 이효리가 "뭘 훌륭한 사람이 돼. 그냥 아무나 돼"라고 일침을 날렸다. 벌써 몇 년이나 지났는데도 아직도 내 기억에 남아 있는 인상적인 장면이다. 이효리의 말은 사회에서 바람직하게 보는 일, 연봉이 높은 직업, 좋은 학교 등에 연연하기보다 본연의 나를 찾아서 그 자체로 살라는 말일 것이다. 그냥 아무나가 되자. 그저 내 자리를 지키며 나의 역할을 묵묵히 하는 아무나로 살다 보면, 어느새 그 '아무나'가 진정한 '나'가 될 것이다. 남들에게 보여지는 목표를 위해서 살지 말고 내가 나다울 수 있는 순간들을 만들어가자. 그런 순간들이 축적되면 어느 순간 훌쩍 자라 있지 않을까. 그런 의미에서 지금 자신의 자리를 묵묵히 지키고 있는 모든 엄마는 성장하는 엄마다. 그저 그 자리를 지킨다는 것만으로, 당신은 성장하고 있다.

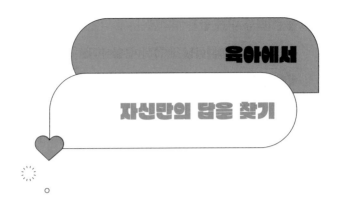

육아에서

자신만의 답을 찾기

다이어트에 성공하려면, 식이 조절을 하고 운동을 통해 칼로리를 소모하며 기초대사량을 높여야 한다. 수능에서 고득점을 받으려면, 교과서를 기본으로 하고 자주 틀리는 문제는 오답 노트로 익히며 심화 문제까지 정복해야 한다. 그런데 아이를 잘 키우려면, 엄마로 잘 살려면 어떻게 해야 할까?

답답한 마음에 육아서를 들춰본다. 엄마로서 잘하고 있는 건지, 아이는 잘 자라고 있는 건지 모르니 육아서에서 답을 찾아본다. 하지만 육아는 문제집 뒤쪽에 붙어 있는 '정답지'가 없는 영역이다.

나 역시 두 아이들을 키우며 많은 육아서를 읽었다. 육아서를 읽고 있을 때만큼은, 잠시나마 좋은 엄마가 될 수 있을 것 같았다. 육아서가 엄마의 행동과 마음을 올바른 방향으로 이끌어주는 느낌이 좋았다. 하지만, 동시에 몇몇 육아서는 마음을 불편하게 만들기도 했다. "엄마는 이런 사람이 되어야 한다"라는 교조적인 메시지를 주기도 하고, "이런 아이가 평균 혹은 정상이다"라는 메시지가 내포되어 있어 내 아이를 억지로 그 틀에 맞추려 하기도 했다.

하지만 생각해보면 엄마의 기질과 아이의 기질 조합은 수십 억분의 일의 확률로 생겨난다. 그야말로, 이 세상에 하나뿐인 기질과 기질의 만남이다. 어떤 책에서도 그 조합에 맞춤형 솔루션을 제시해줄 수는 없다. 육아서를 읽는 것이 나쁘다는 것이 아니라, 어디에도 육아의 답은 없다는 이야기를 하고 싶은 것이다. 이 책 역시 마찬가지다. 이 책이 육아에 대한 명확한 답을 줄 수는 없지만 일말의 힌트라도 찾을 수 있다면 큰 의미가 될 것 같다.

또한, 엄마 혼자 육아의 답을 찾으려고 애쓰지 말라

는 말을 해주고 싶다. 한 아이를 키우는 데는 온 마을이 필요하다는 말이 있듯이, 육아는 혼자 할 수 있는 것이 아니다. 아이를 함께 낳고 기르는 남편, 아이를 돌봐주는 할머니, 기관에서 정서적, 학습적으로 케어해주는 선생님들, 놀이터에서 만나는 친구들, 동네 이웃들 모두가 아이를 키운다. 엄마가 예민해도 원만한 선생님을 만나면 아이가 둥글둥글해지고, 엄마가 우울해도 쾌활한 친구들을 만나면 아이는 우울한 기운을 떨쳐내며 자란다. 엄마 혼자 육아라는 짐을 떠안지 말자. 엄마는 지금 그대로 아이의 곁에 있어주는 것만으로 아이에게 완전한 엄마다.

우리는 이미 아이를 키우며 소위 말하는 '기적'의 순간은 찾아오지 않는다는 것을 깨달았다. 백일의 기적이라고 해서 아이가 백일이 되는 순간부터 통잠을 자는 기적은 오지 않았고, 기적의 학습법으로 아이를 공부시킨다고 해서 아이의 머리가 갑자기 트이는 순간은 오지 않았다. 하지만 생각을 바꾸자. 수십 억분의 일의 확률을 뚫고 아이와 엄마가 만난 것이 기적이며, 아이와 내가 아주 천천히 변화하는 순간들이 쌓이고 쌓여 함께 자라는 이 모든 순간이 기적이 아닐까. 아이가 어느 순간 뒤

집기를 하고, 걸음마를 해서 뛰어다니듯이 엄마도 어느 순간 단단하게 성장하고 있으니 말이다. 우리는 이미 기적 같은 나날을 살고 있다.

모든 엄마와 아이에게 적용되는 마법이 딱 하나 있다. 그것은 바로 시간이다. 시간은 모두에게 공평하게 흐른다. 시간의 힘은 어마어마해서, 어느 시점을 지나면 고민을 싹 사라지게 한다. 아무것도 하지 않아도 시간이 흐르면 해결된다니, 대단하지 않은가. 육아 고민의 팔 할은 시간이 해결해준다고 해도 과언이 아니다. 그러니 시간의 힘과 아이의 스스로 자라는 힘을 믿자. 나와 아이를 사랑하며 '지금 이 순간'을 살자. 어느 순간 손닿지 않는 곳에 있던 행복이 눈앞에 놓이는 경험을 하게 될 것이다. 결국, 모든 엄마는 본능적으로 내 아이를 어떻게 품을지 안다. 어떤 육아 기술이나 전문가의 말보다 더 도움이 되는 답은 결국 내 안에 있다.

우리는 아이와 함께 퍼즐을 맞추고 있는지도 모른다. 이 퍼즐은 다 맞추고 나서 어떤 모양이 될지 아무도 모르는지라, 맞추기까지 시행착오가 많다. 그래서 때로 퍼즐을 잘못 끼워 맞춰서 틈새가 어긋나기도 하고, 어떤 부분은 미완성인 채로 놔두기도 한다. 하지만 아이와 엄마가 함께 퍼즐의 모난 귀퉁이를 둥글게 굴리고, 비어 있는 부분은 서로 채우는 과정에서 우리는 자라난다. 오늘도 정답이 없는 퍼즐을 맞추느라 아이와 머리를 맞댄다. 아이가 자신만의 퍼즐판으로 이동하기 전까지 함께 퍼즐을 맞추리라 다짐하며.

나오며

조 금 이 라 도 틈 을 내 기 위 해

　어느 저녁 아이의 준비물을 사러 나온 길. 필요한 물건을 사고 나서도 한참 동안 멍하니 버스 정류장에 앉아 있었다. 집에 돌아가는 발걸음이 너무 무거워서 발이 떨어지지 않았다. 평범한 가정이라는 퍼즐 안에 딱 들어맞는 평범한 엄마의 모습으로 잘 살고 있는데, 왜 집에 가기가 그렇게 싫었던 건지. 그때 알았다. 나는 우울증의 경계에 있거나 우울증에 빠졌다는 것을.

　그 마음으로 썼다. 마음에 있는 우울을 퍼 올려서 그 힘으로 글을 썼다. 우울은 내가 글을 쓰는 원동력이었고, 글은 나의 우울증 치료제였다. 아이들이 아직 깨어나지 않은 아침, 혼자 부스스 일어나 타닥타닥 글을 쓰는 순간만큼은 나로 돌아갈 수 있었다. 그렇게 모인 나의 마음이 누군가에게도 힘이 되기를 바라는 마음으로 썼다.

또한, 나 자신을 토닥이기 위해 썼다. 육아하면서 혼란스러웠던 감정들을 명료하게 정리하고 토해내듯 과거의 경험을 글로 옮겼다. 모두가 그렇다고, 괜찮다고, 글을 쓰며 스스로 위안했다. 서툴렀던, 어설펐던, 과거의 나를 토닥이고, 여전히 방향을 잡지 못하고 있는 나를 글을 쓰며 위로했다. 과연 이 글이 책이 될 수 있을지, 아무것도 아닌 활자의 나열이 될지 모르는 상황에서도 그저 썼다.

내가 무슨 글을 쓴다고 이렇게 애들에게 짜증 내고, 남편에게 소홀한 생활을 하나 싶은 순간들을 함께 견뎌준 가족들에게 미안하고 고맙다.

이 책을 쓰며 가장 많이 생각난 사람은, 엄마였다. 이 책의 큰 틀은 엄마가 나를 키운 방식에서 차용했다고 해도 과언이 아니다. 기억 속 엄마는 나에게 한 번도 "공부해라", "이거 해라"라고 지시한 적이 없는 사람이다.

말 그대로 자식에게 틈을 허용해주고, 그 틈을 통해 자율성과 책임감을 배우도록 키운 틈새 육아의 선구자다. 자신의 틈새 시간에도 좋아하는 활동을 하며 스스로를 채우는 사람이다. 그런 엄마를 보며 자란 내가 이제 엄마의 모습을 닮아가며 내 아이들을 키운다. 아직은 나 스스로 부족한 점이 많은 엄마이지만, 내가 쓴 대로 살아가기 위해 노력하며 내 삶을 일구려고 한다.

많은 엄마가 이 글을 통해 빡빡한 육아에 조금이라도 틈을 낼 수 있기를 바라며, 글을 마친다.

비올렌 게리토, 《엄마도 피곤해》, 최정수 옮김(와우라이프, 2017)

니콜라 슈미트, 《아이가 내 맘 같지 않아도 꾸짖지 않는 육아》, 장윤경 옮김(위즈덤하우스, 2021)

한성범, 《아이를 위한 감정의 온도》(포르체, 2020)

윤우상, 《엄마 심리 수업》(심플라이프, 2019)

류쉬안, 《성숙한 어른이 갖춰야 할 좋은 심리 습관》, 원녕경 옮김(다연, 2020)

김경림, 《나는 뻔뻔한 엄마가 되기로 했다》(메이븐, 2018)

함규정, 《엄마마음, 아프지 않게》(글담, 2015)

박태연, 《엄마의 감정 연습》(유노라이프, 2021)

김아연, 《왜 나는 매일 아이에게 미안할까》(한빛라이프, 2019)

하세가와 와카, 《적당히 육아법》, 황미숙 옮김(웅진리빙하우스, 2020)

존 가트맨 외, 《내 아이를 위한 감정코칭》(해냄, 2020)

조선미, 《영혼이 강한 아이로 키워라》(샘앤파커스, 2013)

킴 존 페인, 《맘이 편해졌습니다》, 이정민 옮김(골든어페어, 2020)

유은희, 《잘 노는 아이의 잠재력》(로그인, 2020)

오바 미스즈, 《처음부터 아이에게 이렇게 말했더라면》, 박미경 옮김(알에 이치코리아, 2021)

이지연, 《그 집 아들 독서법》(블루무스, 2019)

제인 넬슨 외, 《긍정의 훈육 : 4~7세 편》, 조고은 옮김(에듀니티, 2016)

샤우나 샤피로, 《마음챙김》, 박미경 옮김(안드로메디안, 2021)

이자벨 필리오자, 《엄마의 화는 내리고, 아이의 자존감은 올리고》, 김은 혜 옮김(푸른육아, 2019)

완벽한 엄마는 없다

초판 1쇄 인쇄일 2022년 5월 18일
초판 1쇄 발행일 2022년 5월 30일

지은이 최민아

발행인 윤호권
사업총괄 정유한

편집 정상미 **디자인** 서은주 **마케팅** 박병국
발행처 ㈜시공사 **주소** 서울시 성동구 상원1길 22, 6-8층(우편번호 04779)
대표전화 02-3486-6877 **팩스(주문)** 02-585-1755
홈페이지 www.sigongsa.com / www.sigongjunior.com

글 ⓒ 최민아, 2022 | 그림 ⓒ 김잼, 2022

ISBN 979-11-6925-002-3 03590

*시공사는 시공간을 넘는 무한한 콘텐츠 세상을 만듭니다.
*시공사는 더 나은 내일을 함께 만들 여러분의 소중한 의견을 기다립니다.
*잘못 만들어진 책은 구입하신 곳에서 바꾸어 드립니다.